Num. 2.

Mde La Vve Belleuta Carrefour
dela Croix rouge rengenir àvis, la
rue du Vieux Colombier.

5566.
4.A.

TRAITÉ

DU

MERCURE,

PAR AUGUSTIN BELLOSTE,

Premier Chirurgien de feue,

MADAME ROYALE,

DOUAIRIERE DE SAVOYE.

M. DCC. LXX.

PREFACE

DEPUIS que l'on a reconnu toutes les propriétés du Mercure, aucun reméde n'a paru plus propre à détruire l'acide vénérien, & tous les autres acides qui peuvent vicier le sang ou la limphe. C'est l'action de ce minéral, aussi prompte qu'efficace & sûre, qui l'a fait nommer *le Furet de la Médicine*. Personne n'a peut-être expliqué la maniére dont ce minéral agit sur la masse des humeurs, que le fameux BELLOSTE, Chirurgien de feue Madame Royale de Savoye. On peut s'en convaincre en lisant ce petit Traité que l'on a tiré de son Ouvrage entier, intitulé: *Le Chirurgien d'Hôpital*, Livre qui a été traduit dans toutes les Langues de l'Europe, & qui pour le reste ne concerne que le pansement des blessés. Mais son meilleur Ouvrage est sans doute sa préparation même du Mercure, ou ce qu'on nomme, *Les Pillules de Belloste*. Ce bon Praticien,

qui avoit manié le Mercure pendant
foixante ans, ne goûtoit point du tout
la méthode de l'introduire dans le
fang par force, à travers les porres de
la peau. Il fut donc l'adoucir au point
d'en faire un reméde innocent, avec
lequel il guériffoit les maladies les
plus opiniâtres, tels que les maux
vénériens, les ulcères du nez, les
tumeurs skirreufes, les fiftules à la
joue & à l'anus, les écrouelles, les
tumeurs au foye & au fein, la galle
invétérée, les dartres, les puftules
au vifage, toutes fortes de lépres, &c.
M. Bellofte, Médecin de Turin, fils
unique de l'Inventeur des Pillules,
& feul héritier de cet excellent reméde, continuoit de l'appliquer avec
autant de fuccès que fon Pere ; mais
Dieu l'ayant retiré de ce monde, le
5 d'Avril 1758 étant à Verfailles, fa
Veuve avertit le public qu'il n'y a
qu'elle feule qui poffède le fecret de
la compofition des véritables Pillules
mercurielles de Bellofte, lequel fecret fon Epoux lui communiqua de
fon vivant ; elle les compofoit en fa
préfence, & elle y réuffit fi bien,

qu'elle continua toujours depuis à les
composer avec l'approbation de son
Epoux; témoins en soient toutes celles qu'elle distribuoit étant à Turin &
dans les Païs étrangers, pendant les
voyages que fit son Epoux, & sur-
tout les trois années consécutives
qu'il séjourna en France. Elle les ap-
plique avec autant de succès que faisoient son Beau-pere & son Epoux,
comme le prouvent les cures merveilleuses qui se font journellement
ici & ailleurs. Entre une infinité de
belles cures que ce remede a opérées
depuis quelque tems, on se contentera de citer celle de *M. le Maréchal
de Noailles.* Le respect dû à une personne de ce rang, nous auroit em-
pêché de le nommer, quoiqu'il n'ait
pas fait un mystere de sa guérison,
s'il ne l'avoit expressément permis;
M. le Maréchal de Noailles avoit le
visage couvert de dartres ouvertes
en plusieurs endroits, & d'une qualité très maligne; il avoit mis inutilement en usage, pendant quatre
ans, toutes sortes de remédes : vingt-
deux prises des Pillules de Belloste

l'ont guéri radicalement. Après cette cure célébre & grand nombre d'autres. M. Senac, premier Médecin du Roi, ayant rendu un compte favorable à Sa Majesté des effets de ces Pillules, Sa Majesté a trouvé bon qu'il soit accordé à M. Belloste un Privilége exclusif pendant trente années, tant pour lui que pour sa femme & enfans, s'il décédoit avant lesdites trente années, de vendre & distribuer dans tout le Royaume les Pillules de sa composition; lequel M. Senac lui a effectivement donné, en exécution des intentions de Sa Majesté. Ce Privilége étoit d'autant plus nécessaire pour la sûreté du Public, que depuis long-tems on contrefait ses Pillules, & qu'il s'en débite des fausses Ainsi les personnes qui voudront avoir des vrayes Pillules de Belloste, s'adresseront directement (en affranchissant leurs lettres) à Madame Gabrielle Belloste, dans la maison neuve de S. Sulpice, sur la Place, auprès de l'Eglise, fauxbourg S. Germain, à Paris, & à Geneve, chez M. L'Huillier en la grand'ruë, vis-à-vis la Refidence de France, en affranchiffant le payement. Ces Pillules qui n'exigent pas une diette rigoureufe, & qui n'obligent point à garder le lit ni la chambre, lorfque la faifon le permet, conviennent particuliérement aux Militaires.

Quoique ces ouvrages de Chrirurgies qui ont été traduits dans toutes les langues de l'Europe, & font encore en très-grand crédit, faffent affez l'apologie de l'Auteur, on ne fera peut-être pas fâché de voir quels étoient fes mœurs & fon caractère, dans la lettre fuivante de l'illuftre M. Cicognini, qui l'a connu particuliérement à la Cour de Turin.

On a ajouté, à la fin de ce Traité, la maniére de fe fervir des Pillules dont il y eft parlé, pour l'utilité des perfonnes qui feront dans le cas d'en faire ufage.

LETTRE.

Adreſſée à M. Cicognini, Conſeiller & Premier Médecin de feue Madame Royale de Savoye, & Premier Profeſſeur de Médecine théorique dans l'Univerſité de Padoue.

MONSIEUR,

IL s'eſt excité dans ce pays une curioſite preſque univerſelle de lire le Traité du Mercure de M. Belloſte inſeré dans ſon Livre intitulé : Suite du Chirurgien d'Hôpital, à cauſe des effets admirables qu'on dit avoir été produits ſur diverſes perſonnes par le Mercure ; ce qui a fait qu'un de mes amis s'eſt diſpoſé à donner au jour la traduction Italienne qu'il a faite de cet Ouvrage, pour ſatisfaire aux preſſantes inſtances d'une perſonne de conſidération qui l'en a prié. Mais parce qu'il craint qu'il n'y ait quelqu'un, comme il arrive ordinairement lorſqu'on propoſe des remédes nouveaux, qui accuſe l'Auteur d'impoſture, & qui mépriſe le mérite d'un tel reméde ; il ſouhaite de joindre à l'impreſſion de cet ouvrage votre témoignage ſincére & autentique par lequel on rende juſtice à la probité de l'Auteur, & à la gloire de ſon reméde. Pour obtenir de vous une telle grace, il s'eſt adreſſé à moi, étant perſuadé de mon attachement pour votre ſervice & de votre bonté ſinguliére à mon

égard : & c'eſt pour lui complaire , que je
prens la liberté de vous ſuplier de me donner
quelques informations des mœurs & du mérite de M. Belloſte, & de rendre témoignage
de ces effets, leſquels cet Auteur dit que vous
avez été témoin oculaire, comme dans le cas
du Chevalier de Morette, de M. le Comte
d'Arc Bavarois, de Madame la Comteſſe
Buſque, & de M. Marchetti, Médecin de
Son Emin. Monſeig. le Cardinal Pico de la
Mirandole. Par ce moyen, vous ferez honneur à la mémoire de ce grand homme qui
vous a été parfaitement connu : vous ren-
drez un ſervice conſidérable au public en
certifiant les effets d'un reméde , dont l'u-
ſage pourroit être d'une utilité infinie , &
vous m'obligerez ſenſiblement dans le deſ-
ſein où je ſuis de ſervir mon ami. Je ne man-
querai pas à chercher les occaſions pour vous
témoigner une vraie & parfaite reconnoiſ-
ſance, & l'Eſtime toute particuliére avec
laquelle je ſuis , MONSIEUR,

> Votre très humble & très-
> obéiſſant ſerviteur,
> N. C.

À Veniſe, ce 2. Août 1734.

REPONSE

De·Monsieur Cicognini à la Lettre précédente.

VOUS m'ordonnez , Monsieur, par votre Lettre du 2. du courant, que je n'ai reçuë que ce matin, de vous donner quelques éclaircissemens sur la probité de M. Belloste , Auteur du Livre intitulé : Suite du Chirurgien d'Hôpital , & de la vérité des faits dans lesquels je suis cité comme témoin. Il n'est rien de plus équitable que de rendre justice à la vérité, & de complaire en même tems à un ami comme vous, Monsieur , pour qui je conserve tant d'estime.

On ne pourra pas douter de la probité de M. Belloste , si l'on remarque qu'il a eu l'honneur de servir pendant trente & plus d'années Madame Royale, d'heureuse mémoire, en qualité de son premier Chirurgien ; Turin & le Piémont ne sont pas si éloignés , que quiconque voudra s'en donner la peine, ne puisse bien satisfaire sa curiosité sur ce sujet. Je l'ai connu & fréquenté familiérement en cette Cour, & dans toutes les occasions je l'ai trouvé un homme rempli d'honneur, d'un savoir distingué, & très-versé dans la Chirurgie ; c'est pourquoi il a été employé par la Cour dans un âge même décrepit, dans des consultations de très grand relief, de même que par la première Noblesse de cette Capitale : Il étoit aimé de toute la Faculté par sa sincerité, sa modestie & ses bonnes mœurs, étant entiérement éloigné de l'imposture, de la vaine gloire & du vil intérêt : son habileté est assez connnuë par ses ouvrages qui ont été réimprimés plusieurs fois dans presque toutes les langues de l'Europe.

Ce qu'il écrit des cures de M. le Chevalier Solare de Morette, pour lors Auditeur de guerre, de M. le Comte d'Arc, de Madame la Comtesse Busquet, & de M. le Docteur Marchetti, dans lesquelles, ainsi que vous me le marquez, il parle de moi, tout cela est très-vrai ; je pourrois même en citer plusieurs autres, s'il en étoit besoin. M. l'Abbé Marchetti, Gentilhomme de la Chambre de San Em. Monseigneur le Cardinal Pico, est plein de vie, & il m'a écrit il y a quelques mois qu'il reçoit un grand bénéfice, en ce qui regarde sa santé, par l'usage des Pillules de M. Bellofte. Je m'en suis servi moi-même dans plusieurs cures avec succès, & je les préfére aux autres préparations du Mercure, tant pour la sureté & la douceur avec laquelle elles purgent, qu'à cause de l'efficacité avec laquelle le Mercure opère en surmontant des

maladies très-dangereuses. Dans les Exos-
toses & dans les pertes des femmes en blanc,
quoique non vénériennes, mais très-opi-
niâtres, j'en ai vû des merveilles; & depuis quatorze ans que j'ai l'expérience de
ces Pillules, je ne sai pas n'en avoir vu le
moindre mauvais succès en qui que ce soit,
ni pendant leur usage, ni même longues
années après s'en être servi. Voilà que je
vous ai obéi, mon cher Monsieur; si je
puis vous servir en autre chose, je vous
prie de me commander, étant avec toute
l'estime & le respect possible,

MONSIEUR,

Votre très-humble & très-obéssant
Serviteur, CICOGNINI,

A Padoue, ce 4 Août 1734.

TRAITÉ

DU

MERCURE.

E MERCURE dont je publie ici les vertus, eſt un miracle de la nature ; &, entre les remedes le plus rare préſent de la Providence.

Le hazard a plus contribué à me le faire connoître, que tout ce que j'ai vû de Maîtres qui l'ont employé & que tout ce que j'ai lû d'Auteurs qui en ont traité.

C'eſt, je l'avoue, ſans raiſonner, que j'ai commencé à m'en ſervir ; les premiers fuccès m'ont enhardi ; j'ai fuivi hardiment , & fait expériences fur expériences. Les poftes que j'ai occupés enfuite m'ont fourni des occafions avantageufes ; des maladies chroniques invétérées , & que l'on regardoit comme incurables, ont été terminées heureufement par le Mercure crud. Je lui ai trouvé un frein qui l'arrête , je veux dire , qui l'empêche de fe fublimer; je ne l'aiffe pas de croire que fans ce frein , la chaleur du corps n'a pas affez de force pour fublimer le Mercure. Je l'ai mêlé avec des purgatifs légers , qui déterminent une partie de fon action par les felles ; j'ai vû qu'une autre partie fe communique au fang ; s'unit, fans perdre fa figure ronde , avec la limphe qu'il circule avec elle ; ne la quitte point qu'il ne l'ait mife en état de pénétrer par tout par fa fubtilité & fa fluidité, de nourrir tout par le moyen de fes particules balfamiques qu'il rétablit dans leur état naturel quand elles en font déchues ; qu'il détruit tous les obftacles qui pouvoient s'oppofer à fon cours ,

qu'il eſt ennemi juré de tout ce qui eſt
hétérogene, vicieux & malin. Comme à force de l'employer j'ai connu
ſes vertus, & tâché de pénétrer dans
la méchanique de ſon action, j'ai né-
gligé de recourir aux Auteurs qui en
ont écrit; & j'en ai lû très-peu; je ſai
que quelques uns le louent, comme
M. Lemery, & autres.

Avicenne dit, que quelques uns
en boivent ſans incommodité, &
l'ordonne pour la teigne des enfans.
Planiſcampy donne au Mercure plus
de qualité qu'au Gayac. Marianus
Sanctus en ordonne trois livres dans
le *Miſerere*, Antonius Muſa & Méſué
le conſeillent pour les vers & pour la
galle. M. le Duc, médecin, qui a fait
le voyage du Levant, dit qu'à Smir-
ne les femmes qui veulent devenir
graſſes, avalent ſouvent deux drag-
mes de mercure crud; il ſe mocque
de ceux qui le croyent un poiſon : car,
dit-il, les ouvriers d'une certaine
mine de mercure avoient pris la cou-
tume d'en avaler quelques livres en
quittant le travail, étant chez eux le
vuidoient & le vendoient; laquelle

chofe ayant été découverte, on les faifoit refter, après avoir quitté le travail, quelques heures enfermés dans une chambre : ainfi ce qu'ils avoient avalé étoit obligé à fortir, ne pouvant le retenir long-temps dans le corps. Les uns le croyent chaud, les autres froid.

Cependant s'il adoucit le fang, s'il appaife les douleurs les plus aigues, & le tumulte des Efprits, & dans le volvulus, & dans une quantité d'autres maux, & s'il engraiffe, comme l'on n'en peut point douter, toutes ces chofes marquent qu'il eft plutôt froid que chaud, ou du moins qu'il eft tempéré entre l'un & l'autre.

Qu'il foit chaud ou froid, je m'arrête aux effets, & non aux qualités; que l'on le louë, ou que l'on le blâme, cela ne diminue rien de fa bonté; c'eft une chofe de fait, que rien dans la nature n'eft capable de produire, dans prefque tout les maux, des effets fi furprenans & fi falutaires. Cependant plufieurs perfonnes le décrient, il eft bon, dit-on ; mais il eft dangereux; c'eft en dire du bien & du mal, infi-

nuer la crainte & le doute, & priver
par ce moyen bien des affligés du
prompt secours qu'ils pourroient tirer de son usage, lesquels languis-
sent, & souvent périssent chargés de
maux & de remedes inutiles.

Comme l'expérience est la plus
fortes des preuves, j'ai cru à propos
de donner ici la relation de quelques
cures faites en différens temps, sur
différens sujets & sur différentes maladies : si j'avois à écrire toutes celles que j'ai faites depuis quarante-
trois ans que je me sers de ce Mercure, un gros volume auroit peine à
les contenir. J'ai suivi, dans ce Traité, la méthode que j'ai observée dans
mon premier Ouvrage, où j'ai mis à
la suite de chaque cure des playes,
une observation en forme de réflexion ; j'ai mis aussi à celle-ci un rai-
sonnement à chaque expérience,
pour faire voir ce que j'ai conçu de
la méchanique de ce remede.

L'an 1681, étant à Turin, un jeune Abbé me fit confidence qu'après
un acte impur, il avoit été attaqué de
quelques maux vénériens, dont il

avoit été mal traité: que depuis quelques mois il étoit affligé de douleurs nocturnes en plusieurs parties du corps, & d'un ulcere au nez qu'il me fit voir ; que la situation de ses affaires & la saison ne lui permettoient pas de se faire traiter ; que même il lui importoit beaucoup que personne ne pût s'appercevoir qu'il eût telle maladie, qu'il me prioit très-fort de lui chercher quelque remede qu'il pût prendre en cachete, pour empêcher le progrès du mal ; qu'au Printemps il iroit se faire traiter à Paris.

Le Mercure ne m'étoit alors que superficiellement connu; je ne laissai pas de lui former à ma mode une masse de Pillules purgatives; & je lui en fis prendre de deux jours l'un, le soir en se couchant.

Il n'en eut pas pris plus de cinq prises, qu'il me dit que ses douleurs avoient diminué, & que son ulcere alloit mieux.

Enfin, vers la onze ou douzieme prise, il se trouva entiérement guéri, avec autant de surprise pour lui que pour moi qui ne lui donnois ce remede que comme un palliatif.

Je lui en fis prendre encore quelques prises, pour assurer sa guérison, & c'est la pure vérité qu'il n'en a pas ressenti depuis la moindre incommodité.

Quand on fera réflexion que le Mercure est le seul & unique remede qui peut détruire le virus vénérien, l'on ne fera pas surpris qu'il ait produit cet effet dans le cas dont il est ici question: mais l'on a lieu d'admirer qu'il ait pu agir si salutairement, sans avoir causé au malade ni trouble ni agitation; qu'il ne l'ait privé ni du repos ni des alimens ordinaires; qu'il n'ait jamais gardé ni la chambre ni le lit pendant la cure, qu'il n'ait enfin rien changé dans sa maniere de vivre, & que personne ne se soit apperçu qu'il ait été traité : c'est ce qu'il y a de singulier.

C'est la premiere cure que j'ai faite de cette maniere, étant Chirurgien major des Hôpitaux de Briançon, & où j'en ai traité quantité avec ce simple remede, qui a eu un semblable

ſuccès. En l'an 1694, M. le Maréchal de Catinat m'envoya à Oulx
pluſieurs Officiers ſubalternes attaqués des mêmes maux, qui n'ont pris
d'autre remede, & qui ſont retournés
à l'Armée ſix ſemaines après, gras,
frais, & bien guéris, n'ayant point ob-
ſervé d'autre regle. Je n'entre point
dans le détail pour éviter une proli-
xité ennuyante, ne voulant marquer
qu'une cure de chaque eſpece ſi quelque circonſtance particuliere ne m'y
oblige.

L'année 1682, M. le Comte de
S. George, Ecuyer de Madame
Royale, & Capitaine au Régiment
des Gardes, me fit voir le Caporal
de ſa Compagnie, à qui il étoit ſur-
venu depuis deux ans une tumeur
ſchirreuſe, qui étoit alors groſſe comme la tête, & lui occupoit toute la
cuiſſe droite, ce qui l'obligeoit à marcher avec beaucoup de peine avec
deux béquilles : les plus accrédités
Chirurgiens de Turin lui avoient fait
quantité de remedes ſans aucun fruit.
Je me réſolus à lui donner, par hazard, du même Mercure; au bout de

18 à 20 jours la tumeur s'amollit &
vint à suppuration ; je l'ouvris, il en
sortit plus de sept à huit livres de pus
& de limphe, & en un mois il fut entiérement guéri, quitta ses béquilles,
& màrcha avec toute liberté.

Cette deuxieme cure me fit estimer
ce remede; mais les mouvemens que
je fus obligé à faire peu après, ne
me fournirent pas des occasions pour
m'en servir aussi fréquemment que
j'aurois voulu : d'ailleurs mon âge ne
me donnoit pas assez de crédit pour
m'en servir où je le croyois propre,
il me fallut attendre un temps plus
favorable.

L'an 1687. étant Chirurgien major de l'Hôpital de Luscerne, dans la
premiere guerre des Barbets, je m'en
servis avec succès dans plusieurs tumeurs dures & schirreuses: je trouvai
que celles qui étoient d'une médiocre grosseur & peu invétérées, se dissi-
poient à vue d'œil sans suppurer;
que les grosses & anciennes venoient
à suppuration:ce qui me fit juger que
quoique dures, anciennes, & indo-
lentes, elles n'étoient pas privées

du commerce des liqueurs.

Pour expliquer méchaniquement l'effet que le Mercure peut produire sur les tumeurs, il faut considérer que la matiere qui forme les schirres, & toutes les autres tumeurs qui sont faites par congestion, aussi bien que les obstructions de toutes les parties du corps, ne se peut mettre de soi-même en mouvement, quand elle est une fois accumulée & arrêtée malgré le ressort des parties; il faut quelque chose qui l'ébranle, la subtilise, la fonde & en divise l'unité.

Pour accomplir toutes ces choses, il faut exciter aux fluides qui circulent dans les tumeurs comme dans toutes les parties du corps, un mouvement rapide, capable de déranger, de détacher, & de mettre en mouvement ce qui étoit fixe & en repos; c'est ce seul Mercure qui peut remplir toutes ces indications, en se joignant comme il fait à la limphe; il la suit par son mouvement, & il l'accompagne par tout.

Ces petits globules se divisent à l'infini,

l'infini, & roulent avec elles sans la quitter.

Leurs figures rondes font effort contre les obstacles qu'elles trouvent dans leurs routes, sans pouvoir être arrêtées, engagées ou accrochées; elles glissent, elles heurtent, frottent, ébranlent, & mettent en mouvement les particules des matieres qui s'étoient unies, collées, accrochées & coagulées dans les parties ou dans les glandes, contre les loix de la nature; elles les rendent fluides, les réduisent en pus, ou les entraînent avec elles, pour les chasser hors du corps par la voye de la transpiration, par les selles, ou par les urines.

C'est par cette méchanique que les tumeurs contre nature; les obstructions des visceres & des autres parties du corps sont détruites, en rétablissant le cours libre des fluides si nécessaires à la vie, & à la conservation de la santé; c'est ainsi que je conçois les deux opérations du Mercure sur les coagulations, qui est d'absorber & de dissoudre; termes du Sage, dont la manœuvre a une toute autre

explication, que nous tâcherons dé-
clarcir à la suite.

En 1691; étant Chirugien major
de l'Hôpital de Briançon, l'on me fit
voir une jeune femme à qui il étoit
survenu, il y avoit deux ans, une tumeur à la joue droite, qui ayant fup-
puré, fut panfée avec une tente qui
lui laiffa une fiftule, & peu à peu la
machoire inférieure fe trouva fi fort
engagée, qu'elle avoit perdu fon
mouvement, tellement que la bouche de la malade étoit prefque fer-
mée & elle ne vivoit que de bouillon
ou de chofes très-liquides; l'on avoit,
me dit-on, employé plufieurs rémé-
des fans aucun fruit.

Je lui fis rouler de très-petites
Pillules, & lui en fis prendre de deux
jours l'un pendant un mois, au bout
duquel la joue fe débrida, la bouche
s'ouvrit,& la fiftule fe trouva tout-à-
fait guérie, ce qui caufa à la malade
beaucoup de joie & d'étonnement ?
cette cure me furprit, & m'obligea
à en donner enfuite dans plufieurs
maladies chroniques qui avoient ré-
fifté à tous les remedes d'ufage,& qui

furent terminées heureusement.

La plupart des fistules qui survien-
nent aux playes & aux abscès, sont
l'ouvrage des tentes, qui, en reployant
les fibres du canal où on les introduit
par le fréquent frotement & la con-
tinuelle compression, s'unissent, se
collent les unes sur les autres, & il se
forme ce que l'on nomme *callosité*.

Comme il y a dans toutes les parties du corps une multitude de petits
vaisseaux qui portent & charient la
limphe & les autres sucs, les orifices
de ces petits tuyaux qui sont conte-
nus dans toute l'étendue de la callosité, & qui viennent aboutir & s'appuyer sur ce volume de fibres reployées couchées & colées, la limphe qui se trouve chargée de Mercure, ses particules rondes venans frap-
per & heurter contre ces fibres les
ébranlent, les décolent, les déta-
chent & les relevent; & le suc nourricier se répand entre ces mêmes fibres relevées, les réunit, & leur redonne leur premiere forme. Il me semble
que l'on ne peut expliquer autrement
l'effet que le Mercure produit sur les

callosités des fistules, que par le choc
& l'ébranlement qu'il cause aux fibres
couchées, reployées & collées ensemble. Dans ce cas, il faut ôter la tente;
ceux qui veulent que sa vertu consiste à se charger des aeides, ne pourront trouver de quoi l'occuper dans
ce cas: il n'est point ici question d'absorber des acides où il n'y en a point.
L'on me dira qu'il a dissoûr la callosité, mais je demande que l'on m'en
explique la méchanique : car il est
apparemment vrai qu'il doit agir ici
comme dans les embarras, tumeurs
& obstructions, qu'il n'a qu'une méchanique qui puisse satisfaire à une
multitude de cas différens.

Après la paix faite l'an 1696, j'eu
l'honneur d'être demandé pour remplir la place de l'illustre M. Thouve-
not, qui, de son vivant étoit premier
Chirurgien de Madame Royale A
mon arrivée à Turin, je vis une pauvre fille mendiante sur les dégrés de
l'Eglise de S. Jean, d'un lieu nommé
Cornié, qui faisoit horreur à voir par
les scrophules ouvertes de sa face &
du sternum ; elle avoit outre cela le

col farci de glandes, & les pieds & les mains toutes difformes.

Je la fis venir chez moi, & l'engageai à prendre de deux jours l'un une prife de notre Mercure; & pour l'obliger à prendre ce remede en ma préfence, je donnai ordre qu'on lui donnât en même temps une foupe.

Cela fut exécuté fix mois de fuite, au bout duquel temps elle fe trouva entiérement guérie, fe maria, eut des enfans, refta veuve, & s'eft remariée malgré la difformité que lui ont laiffé fes cicatrices : elle eft actuellement vivante, tout Turin la connoît, & je lui fis tenir au Baptême le premier enfant que Dieu m'a donné.

Les fcrophules font des maladies d'une très-difficiles cure, peu de remedes ont prife fur la matiere qui les caufe ; elles font communes à certains climats & à certaines nations, & fouvent le trifte héritage des défordres de nos ancêtres ; la fource eft dans le fang, le fiége dans les glandes & dans les articulations, elles font rebelles aux remedes par rapport à leur froideur; la tenacité de l'humeur eſt à l'acide qui l'épaiſſit.

L'on eſt convenu il y a long-temps que le Mercure ſeul eſt capable de conduire des maladies à une parfaite guériſon, ſoit en procurant une fonte, une diſſolution, & un mouvement aux liqueurs, ſoit en détruiſant les acides & les fermens vicieux qui cauſent les coagulations de la limphe, & faiſans couler les eſprits & la chaleur dans les membres affligés; c'eſt enfin le ſeul remede de la médecine qui puiſſe remplir toutes ces indications.

L'acide, qui cauſe ces coagulations froides, eſt le plus difficile à détruire; le Mercure, par ſes roulemens, a peu de priſes ſur ces matieres molles & glutineuſes, c'eſt par cette raiſon qu'il ſe paſſe un temps aſſez conſidérable avant qu'il ait pu cauſer un dérangement qui le mettre en état de rompre ou émouſſer la pointe des acides qui cauſent cette coagulation: il le fait cependant ſans contredit; car en circulant avec la limphe dans les articulations & dans les glandes

fcrophuleufes., il détruit peu à peu
les embarras & les obſtructions qui
s'oppofoient au cours des liqueurs.
Ces cures font douces & longues; la
falivation eſt plus prompte, plus la-
borieufe, & plus périlleufe.

Environ un an après, je traitai M.
Dufauré, (François de nation, marié
& établi à Turin, connu de toute la
Ville.)d'une tumeur qui lui étoit fur-
venue au foye il y avoit plus de deux
ans, pour laquelle maladie il avoit
confulté plufieurs Univerfités : tous
les remedes lui furent inutiles.

Cette tumeur étoit plus groffe que
le point, très-douloureufe, pouffant
extérieurement une éminence qui
marquoit fon étendue; il avoit un
pouls très-déréglé; il tomboit fouvent dans des fincopes, il avoit un
dégoût, une infomnie, & une agitation univerfelle.

Je lui propofai l'ufage de mon
remede comme étant très-propre à
diffoudre cette tumeur; je voulus
joindre à ce remede un vin chalibé
pour fon ufage, où j'avois joint
les *Capilli veneris*; il fe fervit pendant

un mois de ces chofes ; & fe trouva entiérement guéri.

Cette tumeur étoit fchirreufe, mais cependant douloureufe, peut-être par la compreffion qu'elle caufoit aux parties adhérentes ; je n'ai donc aucune remarque particuliere à faire fur cette maladie ; il y a 24 à 25 ans qu'elle a été guérie, fans qu'il y ait rien paru depuis, le malade étant actuellement vivant & en parfaite fanté.

Madame Servant, Couturiere de Madame Royale, ma voifine & bonne amie, fut affligée en 1703 d'une tumeur au fein, qui en peu de temps, fit un progrès confidérable par fon volume, par fa douleur & par fa dureté, courant directement au carcinome.

Elle prit du même remede, & en un mois elle fut entiérement guérie, fans avoir reffenti depuis ce temps-là la moindre douleur à la partie. Avec ce même remede j'en ai guéri un très-grand nombre à la Cour & à la Ville, & récemment une Dame du premier rang que le refpect m'empêche de nommer, quoiqu'elle n'ait pas fait un secret de sa guérison. Cependant si ces maux sont invétérés, ou il n'y faut rien faire, ou il faut les amputer; elles ont toujours passé pour des maladies d'une très difficile guérison, & même incurables quand elles sont ulcérées; elles sont cruelles par leurs douleurs, & très insupportables par leur puanteur; il n'y a que le Mercure crud pris par la bouche, qui, par ses frottemens, puisse émousser les pointes des acides qui déchirent les chairs de cette partie affligée; & quand même la guérison ne pourroit pas se faire, rien n'est plus propre à calmer la douleur, empêcher le progrès, & s'opposer à la pourriture & à la mauvaise odeur; c'est ce que j'ai experimenté quelques fois dans ces tristes conjonctures.

Quand notre Cour alla à la conduite de la Reine d'Espagne jusqu'au Bourg de Cony, l'an 1702, je fus attaqué au retour, dans la Ville de Fousan, d'un accident de gravelle qui pensa terminer mes jours: je rendis, dans le bain que l'on m'ordonna de petites

pierres & du gravier, avec des douleurs très-grandes, en urinant du
fang tout clair.

L'on m'apporta à Turin, & M.
Fonfage, dans ce temps-là premier
Médecin de Madame Royale, me fit
des remedes pendant trois mois, au
bout duquel temps je retombai dans
le même cas, & rendis encore des
pierres & du gravier avec de très-
fortes douleurs.

Je fis alors, mais un peu tard, mes
réflexions fur mon diffolvant, croyant
qu'en rendant la limphe épaiffie, dans
laquelle les fables fe trouvoient engagés, ce qui formoit de petits pelo-
tons forme de pierres, qui rendent
toujours cette humeur fluide, cet
affemblage ne pouvant fe faire; &
que s'il fe trouvoit qu'il y en eût
encore de formés l'effet de notre
Mercure feroit fuffifant pour les détruire: je pris de ce remede, tous
mes acides ceffèrent, je me trouvai
guéri; depuis ce temps-là je n'en ai
jamais reffenti la moindre incommodité. Il eft vrai que de tems en tems
j'avale quelques prifes de ce même

remede, ce qui m'a garanti, à ce que je croi, d'une rechûte.

Je suis le premier sur qui j'ai employé ce remede pour une semblable maladie, mais je ne suis pas le dernier; j'en ai donné depuis à plusieurs personnes qui avoient de semblables maux, avec un très-heureux succès. Il n'est pas moins utile dans les rétentions d'urine causées par des viscosités & des glaires ; M. le Baron de la Chainaye, Niçar, en a fait une très-heureuse expérience; il y avoit quatre ans qu'il ne pouvoit uriner sans ressentir des douleurs vives, & avec de grands efforts; il s'est servi de ce remede, en très-peu de temps il a uriné à plein canal, sans peine & sans douleur : il a regardé ce salutaire effet comme un prodige, vû qu'il avoit employé inutilement une très-grande quantité de remedes ; il s'en est retourné chez lui très-content, & muni d'une bonne provision de ces Pillules, & cela dans l'Automne de l'année 1723. M. le Chevalier de Morette ayant passé cinq jours sans uriner, malgré l'assistance de notre très-cher

M. Cicognini, & de deux autres très-
fameux Médecins, (ce premier préfé-
rant le bien de son malade au qu'en
dira-t-on) me fit demander pour lui
donner ce remede; il urina le même
jour.

J'ai un cas tout récent de la même
nature d'une personne à qui l'on a fait
le même remede, & qui a eu un pa-
reil succès. Mais toutes ces relations
me porteroient trop loin; je les sup-
prime & plusieurs autres, quoique le
nombre des malades guéris ait son
mérite pour persuader; car une seule
cure peut être imputée au hazard.

Le Mercure crud convient donc à
la gravelle, la chasse, & empêche la
formation de là pierre en détruisant
la viscosité de la limphe qui lie les
parties tartéreuses du sang.

Les viscosités produisent à peu près
les mêmes accidens que la pierre; si
elles ne causent pas tant de douleurs,
elles suppriment cependant souvent
les urines, en s'engageant dans les
tuyaux qui les charient, & qui sont
destinés à les conduire dans la vessie;
dans ce cas, comme dans plusieurs
autres,

autres, il faut que le Mercure, par sa rondeur & son mouvement, brise, divise, écarte, & par conséquent subtilise, détruise la coagulation de la limphe, & cela très-promptement ; ses chocs & ses roulemens usans les pointes des acides, font quitter prise à ce qu'ils avoient accroché ; ainsi tout se divise & reprend sa figure naturelle.

Madame Compagnole, Hôtesse de la femme sans tête, une des plus fameuses Auberges de Turin, est sujette à une cruelle coliqui; il y a trois ans que cette maladie la mit aux abois, en 1722 elle fut surprise du même mal au milieu de la nuit; comme nous sommes voisins, elle me fit demander; je la trouvai dans un état à faire pitié : je lui fis avaler une double dose de notre Mercure; peu à peu ses cruelles douleurs cessérent, elle rendit, pendant le reste de la nuit, un grand seau plein d'excrémens & d'eau; le jour suivant elle rendit encore par l'anus un autre seau d'eau, & elle fut entiérement quitte de sa maladie, ce qui la surprit agréablement, car dans l'autre qu'elle avoit euë ci-devant, elle paſſa un mois dans les douleurs & dans les remédes ; & , dans celle-ci, peu de momens après avoir avalé le reméde , les douleurs ceſſerent.

La prodigieuſe évacuation qui ſe fit ſi promptement fut l'ouvrage des purgatifs ; mais le Mercure y a contribué, en briſant & rendant les humeurs plus fluides & plus coulantes. Cette femme avoit tout le bas ventre farci d'humeurs viſqueuſes & acides, qui lui cauſoient de la tenſion & de l'irritation aux inteſtins & à tout le bas-ventre , le mouvement périſtaltique des inteſtins étoit ralenti & dépravé ; rien ne pouvoit mieux le rétablir que le roulement du Mercure, qui en même temps détruiſant les pointes des acides qui cauſoient les mouvemens convulſifs de ces parties, la criſpation des fibres circulaires étant ceſſée, il eſt naturel que toutes lés matiéres retenues dans cette capacité ayent dû prendre la route de l'anus,& ayent ſuivi le Mercure,qui, par ſon propre poids,cherche toujours à se précipiter.

Le Mercure étant dans le ventricule, se mêle & se confond avec ce qui s'y trouve ; les veines lactées pompent ce qu'il y a de plus subtil & de plus disposé à entrer dans leurs pores ; ce qu'il y a de plus volatil dans le Mercure est enlevé, dévoré par les veines, est porté dans le sang, ce qui le rend fluide, plus coulant & plus doux; ce qui reste dans la masse des matiéres plus crasses qui sont dans le ventricule suit la route des purgatifs ; s'il se trouve des embarras, des viscosités & des acides dans les intestins, il les ouvre, subtilise les matiéres, ruine le piquant & le crochu des acides, & entraîne par les selles tout ce qui est vicieux & inutile, sans toucher à ce qui est bon & nécessaire : ce qui prouve cette vérité, c'est que ces grandes & prodigieuses évacuations n'ont laissé à la malade ni agitation ni foiblesse.

L'an 1710, un nommé M. de la Pierre, Gouverneur d'un Seigneur Allemand qui étoit à l'Académie, de qui le nom a échappé à ma mémoire, avoit une galle invétérée : tous les remédes qu'il avoit pris en France & en Hollande lui avoient été inutiles; je lui fis prendre de notre Mercure, &, sans autre remede, en trois semaines il fut entiérement guéri : il partit d'ici très-content, & l'année suivante il m'écrivit de la Haye pour m'en demander, un de ses amis ayant la même maladie.

M. Carret, fort de mes amis, Commissaire des Guerres dans les Armées & Hôpitaux de France, qui, de mon temps, avoit eu la régie de l'Hôpital d'Oulx, pendant que j'étois Chirurgien Major du même Hôpital, se trouvant à Valence sur le Pô en 1710, fut affligé d'une dartre très-difforme, très-rouge, & élevée d'un travers de doigt, qui lui occupoit la moitié du visage.

On lui proposa plusieurs remédes qu'il ne voulut pas prendre, disant : „ J'irai dans peu à Turin où j'ai mon „ ami Belloste qui a un reméde qui me „ guérira". Il ne tarda pas à y venir : je lui fis prendre de notre Mercure; ce qu'il y a de particulier, c'est que dès la première prise il m'assura qu'il étoit mieux ; à la seconde la diminution étoit apparente;enfin à la quatriéme il n'y avoit presque plus rien; il en prit cependant quelques autres; mais il est très-véritable qu'à la cinquiéme il ne resta aucun vestige ni aucune marque de cette difforme maladie ; il est à Paris , où il peut rendre témoignage de cette vérité.

Il arriva la même chose & avec la même promptitude à M. le Comte d'Arque , Bavarois ; revenant de France, où il avoit été traité de quelque maladie, il fut surpris en Savoye de douleurs aux épaules , & d'une quantité de grosses pustules qui lui couvroient tout le visage , & qui étoient très-difformes; il vint loger chez la Compagnole en l'année 1723. Il envoya chercher le très-savant M. Cicognini pour avoir son avis, sçavoir s'il se feroit traiter à Turin , ou s'il retourneroit en France pour se faire guérir. Notre judicieux Médecin lui conseilla d'envoyer chez moi pour lui donner un reméde de ma composition, qu'il croyoit suf-

fisant pour le tirer de cet embarras ;
ce qui fut fait, il prit de notre Mercure, &, dès la seconde prise, il s'ap-
perçut que ses douleurs étoient moin-
dres, & ses pustules flétries ; & à la
quatriéme, tout disparut, au grand
étonnement de ce Seigneur qui re-
garda cela comme un prodige ; il en
avala ensuite quelques prises & en
fit sa provision à son départ.

La promptitude avec laquelle le
Mercure fit disparoître la difformité
de cette dartre avec tumeur, est une
preuve incontestable de son union
avec la lymphe ; il fait dans les dartres, dans la galle, & dans les bou-
tons du visage & des autres parties du
corps, la même manœuvre qu'il fait
dans les tumeurs schirreuses, scro-
phuleuses, carcinomateuses, loupes,
&c. Il détruit les embarras des glandes, en ruinant les acides qui les
avoient causées, & comme la lymphe
le porte & le charie jusqu'aux poro-
sités de la peau, ses parties volatiles
s'échappent avec rapidité par l'insen-
sible transpiration, elles frottent contre les acides qui se trouvoient enga-

gés dans les porofités, les ufent & les entraînent avec elles ; & ainfi les mammellons fibreux qui étoient engagé & bouchés reprennent leurs figures, leurs refforts & leurs ufages, la peau fe nettoye, les pores fe r'ouvrent, & la tranfpiration fe rétablit.

Quoique les maladies, dont nous traitons ci-deffus, ayent eu des différens accidens, c'eft toujours une même caufe qui les produit ; les préparations de ce Mercure doux, l'Æthiop minéral, la poudre d'Algarot, conviennent extérieurement ; pour lors ce Mercure lie, embraffe, & fe charge des acides, ouvre la peau, & procure la guérifon : mais le flux de bouche eft à craindre, fi les acides, mêlés & engagés avec le Mercure, viennent à rentrer dans le commerce des fluides ; c'eft ce qui me fait dire que l'ufage du Mercure crud pris par la bouche fait plus d'effet, eft plus fûr & plus prompt.

L'an 1719, le fils de mon Aide-Major de l'Hôpital de Briançon me fut envoyé à Turin chargé d'une l'é-

pre univerſelle, la tête dans un état
déplorable, & tout le corps plein
d'écailles blanches; je le fis voir en
cet état à quelques uns de mes con-
fréres, dont étoit du nombre M. Cal-
can Maître Chrirurgien collégié, &
préſentement Syndic pendant que je
ſuis Prieur du Collége nouveau établi par le Roi. Je le tins chez moi, &
le fis manger à ma table ſans aucune
diſtinction; il ne garda ni la chambre
ni le lit; je lui fis prendre, de deux
jours l'un, le ſoir en ſe couchant ou
en ſoupant, une priſe de notre Mercure, & ſix ſemaines après je le fis voir
aux mêmes Chirurgiens, la tête & le
col nets comme une perle, & entiérement guéri, n'ayant pas paſſé un
jour ſans aller à la promenade, &
ſans courir toute la Ville.

La lépre & la vérole ſont ſœurs,
engendrées d'un même pere : ſuivant
l'opinion des Savans, le Mercure a
toujours paſſé pour le reméde ſpécifi-
que de ces maladies, depuis qu'on les
connoît, & depuis que l'on s'en ſert,
il a, il eſt vrai, ſur ces ſermens un
pouvoir abſolu; plus ils ſont paroître

de rage pour affliger les hommes,
plus il montre de vigueur & de force
pour les détruire ; ce son des hydres
que cet Hercule se plaît à terraffer :
le méchanique de son action sur ces
virus n'a pas besoin d'être expliquée;
elle est connue, elle est visible, & ne
peut être contestée : c'est le premier
lépreux qui est tombé entre mes
mains; cette maladie si formidable
céde au Mercure bien préparé & bien
mélangé, comme à la plus simple
des maladies.

L'an 1721, j'eu commiffion de Madame Royale d'aller à la Ville d'Equiere pour y voir de sa part Madame
la Comteffe Busquet, détenue au lit
depuis quatre mois par une cruelle
sciatique si douloureuse, qu'elle ne
pouvoit faire aucun mouvement sans
reffentir des douleurs mortelles, malgré les soins & la grande capacité de
M. Gófe son Médecin : comme cette
Dame, qui est des plus puiffantes, étoit
obligée à rendre les excrémens dans
le lit, l'on craignoit avec raison une
mortification aux parties postérieures, ce qui fit que sans perdre de

temps je proposai à M. son Médecin l'usage de notre Mercure, ce qu'il accepta très-cordialement. Elle n'en eut pas avalé plus de trois prises, que ses cruelles douleurs cesserent, & à la quantriéme elle n'en ressentit plus; à la septiéme elle sortit du lit & commença à marcher. La quantité de pituite, que ce reméde fit sortir pendant les premiéres prises, causa de la surprise & à la malade & au Médecin; à la malade, en ce qu'à mesure que ses évacuations se faisoient, elle sentoit un soulagement considérable, & dégagement de toute la partie affligée, sans perdre rien de ses forces; au contraire, plus l'évacuation étoit grande, plus elle ressentoit de vigueur. M. son Médecin regardoit ces effets salutaires comme un enchantement, ce qui l'obligea à m'en écrire sa surprise dans des termes pleins d'estime & de bonté. Cette lettre fut lue à Madame Royale par le très-aimable M. Cicognini qui se trouva lui-même charmé de l'effet si prompt & si salutaires de ce simple reméde, & des expressions tendres & obligeantes du Médecin de la malade.

La Goutte naissante, le Rhumatisme, la Sciatique, & toutes les autres
maladies de cette nature, sont guéries par l'usage du Mercure crud pris
par la bouche, comme l'expérience
nous l'a fait voir dans une multitude
d'occasions ; elles sont toutes d'une
même nature , quoiqu'elles ayent
différens noms, & qu'elles occupent
ou affligent différentes parties; comme c'est la même cause, c'est aussi un
même reméde qui les guérit; & tout
cela par la même méchanique qui
nous jette toujours dans le même rai-
sonnement du choc, du frottement,
de l'ébranlement, du délogement, &
de la ruine des pointes crochues des
acides.

La promptitude avec laquelle le
Mercure agit sur ces petits corps,
à mon sens, ne peut être expliquée
autrement : puisque rien ne se communique si promptement dans le
sang, ainsi il est porté en très-peu de
temps aux parties affligées, & par plusieurs reprises dans un jour naturel ;
c'est par cette raison que ce qu'il a

commence par les perniers frottemens, il l'achéve par ceux qui fui-
vent : il eſt vrai qu'il s'en diſſipe par
la tranſpiration, & qu'il en ſort par les
ſelles avec les excrémens ; mais l'on
en redonne d'autres par repriſe, ce qui
fait que cette premiére manœuvre eſt
continuée ſans interruption , & que
les acides qui ont occupé les pores des
membranes, comme il arrive dans la
Sciatique & dans les Rhumatiſmes ,
ſont facilement & promptement dé-
logés & ruinés , leurs pointes étant
hériſſées & non engagées dans aucune matiére qui les couvre, ni qui les
défende des attaques que les petits
globules du Mercure leur portent ſans
aucune interruption , quand le ſuc
nourricier, qui eſt chargé du Mercure
qui l'accompagne par tout , vient le
communiquer aux membranes affligées , pénétrées , & comme lardées
de ces petits corps pointus , crochus
& tranchans , les petites particules
rondes & ſubtiles du Mercure s'épa-
nouiſſent ſur les membranes, & rou-
lans comme autant de petites perles
très-fines , & cependant aſſez ſolides

pour heurter, ufer & détruire les foibles pointes des acides, & enfuite ils
font repompés par les veines. Je n'ai
pu me faire une autre idée de la
promptitude avec laquelle les maladies, dont j'ai parlé ci-deffus, ont été
terminées ; ceux qui font plus éclai-
rés que moi pourront peut-être leur
donnner une explication plus favan-
te & mieux raifonnée.

La femme de M. Reicends, mar-
chand Libraire à Turin, âgée de 33
ans, fut envoyée de Briançon a fon
mari au mois de Novembre de l'année 1723, chargée d'une multitude
de maux qui avoient été traités pendant quatre ans, fans aucun fruit, par
les plus habilles Médecins du Brian-
çonnois ; elle avoit entr'autres une
petite fiévre, une difficulté de refpi-
rer, une douleur à la région du ventricule, l'halaine très mauvaife, mé-
chante couleur, la cuiffe & la jambe
droite d'une groffeur monftrueufe,
pour laquelle derniére maladie on
lui avoit fait prendre plufieurs fortes
d'eaux minérales fans aucun fruit,
tant en bains qu'en fomentations ;

de forte que tous fes maux avoient
été jugés incurables. M. fon époux
la voyant dans ce pitoyable état, eut
affez de confiance en moi pour l'a-
bandonner entiérement à ma feule
conduite; ce fut avec un peu de re-
pugnanee que je me chargeai de cette maladie chronique.

Cependant ayant connu, par un
grand nombre d'expériences, que
c'eft dans les cas défefpérés que le
Mercure fe plait à faire connoître fa
force, fa vertu, & fa fupériorité fur
les autres remédes de la médecine,
je n'héfirai point à lui en donner d'a-
bord fans aucune autre préparation.

Les premiéres prifes foulagérent
la malade; la plupart des accidens
cefférent, le poulx fe remit, la douleur de l'eftomac, & la mauvaife
odeur furent furmontées, la cuiffe &
la jambe devinrent moins doulou-
reufes; mais elles diminuérent peu,
elle en prit ainfi feize prifes, que
l'on fut obligé à interrompre par la
venue de fes menftrues; cela fini,
l'on recommença à lui en donner,
peu à peu, &, fans aucune agita-

tion, cette formidable coagulation d'humeurs se fondit, les liqueurs dévinrent fluides après avoir pris quanrante-deux prises de ce Mercure; la cuisse & la jambe s'amolirent, la fonte de ce prodigieux embarras rentra pêle mêle avec le Mercure dans le commerce des liqueurs; enfin dans le mois de Mars de l'année courante 1724, le Mercure fit à cette malade ce qu'il fait après les friction; il lui excita un flux de bouche, avec cette différence, qu'il fut très-doux, & qu'il ne causa qu'une médiocre chaleur à la bouche; c'est la premiére fois que cela m'est arrivé, quoique j'en aye donné plus de six mois de suite.

L'on a tout lieu d'admirer les salutaires effets du Mercure, qui, d'une maniére ou d'autre, ne peut se dispenser de détruire tout ce qui afflige le corps.

Il faut remarquer, pour entrer dans la connoissance de cette méchanique, que dans la maladie de la cuisse & de la jambe il n'y avoit aucun épanchement; la coagulation des liqueurs occupoit feulement les glandes & les vaiffeaux extérieurs : la preuve eft, que, malgré la groffeur de ces parties, la malade pouvoit marcher; les parties organiques n'étant pas occupées, le poids feul, & la douleur caufée par la tenfion, étoient les feules chofes qui fe faifoient fentir.

La fonte s'eft donc faite dans les vaiffeaux & dans les glandes ; il eft naturel, qu'ayant repris leur fluidité naturelle, ils foient rentrés dans le commerce des fluides, & qu'ils ayent repris la route de la circulation.

Or, comme les parties fubtiles du Mercure fe font trouvées confondues avec ce qui a été diffous, elles ont élevé ces fluides en haut, les vaiffeaux de la gorge fe font remplis & tendus, & les orifices des canaux falivraires ont été forcés, fe font dilatés, & ont donné paffage à ce qui a voulu fortir ; & alors la cuiffe & la jambe ont diminué confidérablement.

Ce falutaire flux a duré environ huit jours, & a remis cette femme dans un état de fanté qui l'a furprife; comme je la traite actuellement, j'efpére que dans peu fa cuiffe & fa jambe feront dans leur état naturel.

Si le Mercure crud fe chargeoit des acides, comme plufieurs perfonnes l'ont cru, dans la quantité qui avoit caufé ces confidérables coagulations, l'on eût vu des délabremens à la bouche, par où la nature les a pouffés.

Il n'a paru qu'un peu de chaleur; car ceux qui caufent ces maladies ne font ni piquans, ni fi tranchans, ni fi corrofifs que les acides vénériens, qui carient les os & rongent les chairs, fans qu'ils foient mélangés avec aucune autre matiére.

La matiére épaiffe & vifqueufe qui fert de nourriture aux poils, fe trouvant très-abondante par les embarras qui s'étoient formés dans la peau où ils font plantés, les fit croître & groffir dans toute l'étendue de la cuiffe & de la jambe, de forte qu'elle en étoit toute couverte & toute noire; c'eft ce qui m'a fait regarder la maladie de ces parties, caufée par une vifcofité très-gluante qui s'eft artêtée dans les vaiffeaux capillaires de la peau, & dans

les glandes cutanées, qui, par rapport à leur nombre prodigieux, ont
enfin formé un volume si considérable.

L'on doit donc être persuadé que,
tôt ou tard, le Mercure se communique, pénétre & brise la liaison de
ces matiéres, & fait quitter prise aux
acides qui les avoient accrochées, &
ils reprennent alors leur premiére
fluidité.

Si l'on fait un peu d'attention à ce
que le Mercure a produit dans une
cure, l'on peut juger de ce qu'il doit
produire dans toutes les autres, quoique de différentes espéces, le regar-
dant comme le favori de la nature,
qui, dans tant de différentes opérations & productions, n'a qu'un seul
méchanisme. J'ai remarqué aussi, par
les effets que le Mercure produit sur
tant de sujets & de maladies différentes, que c'est toujours la même manœuvre.

Comme dans les opérations surprenantes de la nature, mouvement &
figure, la nature est inimitable dans
ses ouvrages, de même le Mercure

est incomparable dans ses opérations.

J'ai présentement entre les mains des maladies très épineuses & très-invétérées, je les traite avec le même remede ; & depuis que je m'en sers, je commence à espérer une issue favorable, quoique depuis plusieurs années l'on ait, pour les guérir, épuisé tous les moyens qui sont d'usage.

De ces maladies, il s'en trouve que je ne puis nommer par respect, d'autres qu'il faut taire par discrétion.

Que le Lecteur juge enfin de ce qui peut se faire par ce qui a été fait, les cures que nous avons citées ci-devant ont leur mérite, celles qui suivent auront aussi le leur : cela doit, ce me semble, suffire pour donner une idée des effets admirables de ce remede.

La premiere femme de M. Rousseau, Maître d'Armes du Roi, fut affligée, pendant près de quatre mois, de plusieurs maux en l'année 1702. Elle fut enfin visitée par plusieurs de Mrs. nos Médecins ; & après avoir examiné les accidens avec autant d'attention que de capacité, (car on

peut dire avec vérité que la Faculté
de Médecine de Turin est une des
plus célebres de l'Europe,) ils jugerent que c'étoit un Solium qui avoit
réduit cette Dame dans la consomp-
tion, à cause d'un vomissement réglé
qui lui survenoit tous les jours, peu
après avoir pris ses alimens ; ces Mrs.
jugerent à propos de lui donner de
notre Mercure, comme le seul remede capable de détruire cette maladie.

La premiere prise fit cesser le vomissement, & les autres, qui furent
au nombre de douze, la rétablirent
entiérement.

Il arrive cependant des cas, où,
malgré toute la capacité de la Médecine, l'on est sujet à se tromper,
comme il arriva à la Tresseuse de mon
Perruquier M. de la Touche, âgée
de 15 à 16 ans, en 1712, qui fut traitée, pendant plus de trois semaines,
par saignées, purgations & autres
remedes & opérations, le tout avec
si peu de fruit, qu'il survint à la malade un hocquet si violent & si fréquent, qu'il lui étoit impossible d'a-
valer ni de retenir ses alimens. M. son

Médecin l'abandonna , & chargea sa mere de la remettre entre les mains des Prêrres , & de lui faire recevoir ses Sacremens. Dans ce cas, M. de la Touche vint me prier d'aller voir cette fille. Je la vis, l'examinai, la touchai, & cru voir dans ses yeux des signes de vers. Je ramenai M. de la Touche chez moi, & lui donnai une prise de notre Mercure avec ordre de lui faire prendre peu à peu quatre petites pillules avec un peu de vin , & très-promptement, ce qu'il fit. Chose surprenante & véritable, la premiere fit cesser le hocquet, elle avala ensuite les autres avec facilité; un peu après elle rendit par la bouche un vers gros comme le doigt , long de demi-aune , & une tête assez grosse , que ces gens jetterent , à mon grand regret , dans les privés; & en peu de jours elle fut entiérement guérie.

Quand le malade n'auroit d'autre avantage que celui de pouvoir être traité & guéri dans le secret , sans garder ni la chambre ni le lit , sans quitter ses exercices ni sa maniere de vivre , cela devroit suffire.

La cure se fait sans péril, avec douceur & facilité.

Les mauvaises préparations du
Mercure que l'on donne ordinairement par la bouche , & le peu d'utilité que l'on en tire, ont donné la vogue aux flux de bouche; ceux qui ont
été guéris par son moyen, ont publié
la bonté du remede; ceux qui sont
morts dans ces cures n'ont rien dit :
ceux qui ont été manqués ont décla-
mé contre le remede , & ont crû
avoir un mal qui n'étoit pas de la dé-
pendance du Mercure; & les différens sentimens des Docteurs sur ses
vertus , sur sa nature, & sur l'usage
que l'on doit en faire , n'ont engendré que des doutes, & tout cela faute de le connoître.

Les uns le louent, les autres le
blâment ; l'un veut l'employer crud,
l'autre le regarde sans être préparé
comme un poison: on le déguise sous
une multitude de formes, & l'on lui
a ôté sa force & sa vertu en lui ôtant
sa figure & son mouvement.

Cependant, pris par la bouche ,
comme nous le donnons , on voit

qu'il chaffe les impuretés du corps par les voyes où toutes les immondices fortent journellement & indifpenfablement.

Les inteftins, pour remplir ces fonctions fans peine, font revêtus & tapiffés intérieurement dans toute leur étendue d'un mucilage qui les garantit des picotemens qu'ils pourroient recevoir des matieres âcres, billieufes & corofives qui feroient évacuées par cet émonctoire; c'eft par cette raifon que le virus vénérien, qui fort par cette voye, ne produit rien de fâcheux.

L'on me dira fans doute que ce volume de vapeurs mercurielles que je fuppofe entourner le corps, fe mêlant avec l'air que l'on refpire, il doit en entrer dans la poitrine.

Cela eft indubitable & inévitable, mais il y fervira de remede & de préfervatif contre la pourriture, rendra la fuppuration aifée en divifant & rendant fluide ce qui pouvoit engager les poulmons, & convient à l'afthme & à la courte haleine, comme je l'ai éprouvé plufieurs fois, & produira un

meilleur effet, si l'on en prend intérieurement. S'il arrive, quoique rare-
ment, que ceux qui travaillent aux
mines du Mercure ayent été incom-
modés, il faut confidérer qu'ils font
dans des lieux fouterrains où l'air eft
extrêmement chargé de Mercure volatil, ou qu'il n'y refpirent que du
Mercure ; qu'ils y paffent toute leur
vie, & que ce n'eft que la quantité
qui produit l'accident que nous avons
remarqué ci-deffus ; qu'il y en a cependant plufieurs qui ont vieilli dans
cet exercice fans avoir été attaqués
d'aucun accident.

Ceux donc qui n'appréhendent le
Mercure que par rapport aux flux de
la bouche qu'il excite; n'auront plus
cette crainte quand ils en prendront
qui fera bien préparé & engagé dans
un frein qui le retient, comme eft celui que nous préparons, quand on
en prendroit un an de fuite. Les cures que nous avons marquées ci-deffus en font foi.

C'eft auffi après avoir, dans plufieurs rencontres, éprouvé les bons
effets qu'il a produit, & à force de
réfléchir

réfléchir, que je me suis formé un systême qui peut m'expliquer à moi-même la maniere avec laquelle les choses se sont faites.

J'ai enfin cru, comme je l'ai déjà dit, que toute la force & la vertu du Mercure consiste dans sa volatilité, sa figure & son mouvement: que j'aie bien ou mal pensé; que le Mercure agisse comme je me suis imaginé, ou d'une maniere toute contraire; il me suffira d'avoir fait voir aux ennemis du Mercure sa bonté, son utilité & ses vertus.

Si mes idées sont fausses, je suis seul complice, car mon Auteur ne m'a rien prêté: si quelqu'un a écrit du Mercure comme moi, cela n'est pas venu à ma connoissance; l'expérience a été mon maître, mon conducteur & mon guide, dans ceci comme dans ce que j'ai donné jadis au Public.

Je crois même qu'aucun avant moi ne l'a employé si long-temps, si heureusement, ni en tant d'occasions différentes.

Ce qui me fait croire que dans le

Mercure crud on peut trouver un remede universel, s'il est possible d'en trouver.

Les différens climats, (car j'en ai envoyé dans des pays très-éloignés,) les saisons, les tempéramens, les âges, les sexes, les maladies internes & externes, tout est égal ; il produit, un peu plutôt, un peu plus tard, toujours des effets salutaires. Ceci favorise l'opinion de ceux qui croyent qu'il n'y a qu'une cause qui produise toutes les maladies qui affligent le genre humain.

Si cette opinion a lieu, un seul remede peut les guérir toutes.

Que les différens effets & les différentes maladies que cette premiere cause ou ce ferment produisent dans les hommes, ne dépendent que des différentesdispositions qui se rencontrent dans les sujets ; qu'elle est toujours la même; qu'elle est seulement déguisée & masquée.

Diverses choses concourent pour faire cette différence dans les tempéramens : les influences qui prédominent dans la conception ou dans

la naiſſance , les climats, l'air, les alimens, toutes ces choſes déterminent
l'inclination, la diſpoſition, la force,
la foibleſſe , les vertus, les vices, &
les différentes qualités du ſang &
des humeurs.

Il y a des maux héréditaires, il y
en a de régions, de terre, de mer, de
jeuneſſe & de vieilleſſe , qui toutes
ont une ſingularité. Il y a des maux
qui ſont contractés par le mauvais
uſage des choſes naturelles , le peu
ou le trop d'action, & l'uſage de certaines liqueurs.

Il y a environ vingt-quatre ans que
j'eus la commiſſion de ma Royale
Maîtreſſe d'aller voir à Milan M. le
Marquis de Lucé ſon Ecuyer qui
étoit dangéreuſement bleſſé : c'étoit
dans les grandes chaleurs. Je bu, pour
me déſaltérer, pendant huit jours ſeu-
lement que je reſtai dans cette ville ,
un certain vin blanc du pays , très-
verd & très-crud ; cette boiſſon forma un acide dans mon ſang, qui, en
douze ou quinze jours après, s'épaiſſit
& rendit la limphe ſi viſqueuſe, que
les parties tartareuſes du ſang , qui

sont toujours sabloneuses, se lierent & s'embrasserent tellement dans cette humeur épaissie, qu'il se forma de petites pierres qui penserent me donner la mort. Je me délivrai entiérement de ce mal par le Mercure crud; comme je l'ai marqué ci-dessus, tout autre remede ayant été sans effet.

Cet échantillon de théorie, à qui le Mercure a donné lieu, & de qui les parties volatiles m'ont élevé au-dessus de ma sphere, me laisse entrevoir encore, outre ce ferment universel que je crois presqu'aussi ancien que le monde, un autre ferment particulier, produit par le mélange de plusieurs semences qui, ayant fermenté ensemble, ont donné principe à un virus vicieux & contagieux qui ne peut être détruit par le temps, & dont les impressions se communiquént de génération à génération.

Les anciens n'ont point connu ce ferment : il a même échappé aux lumieres profondes du grand Hippocrate ; & la lepre, qui étoit si commune de son temps, en étoit un produit, n'étant, selon plusieurs

Auteurs, qu'une vérole invétérée.

Comme la femence a été la premiere infectée de ce virus, quelques-uns croyent que le mauvais caractere qui lui a été une fois communiqué, ne peut êtreentiérement détruit; qu'il fe communique aux defcendans à l'infini, qu'il pullule plus ou moins, felon la difpofition des fujets ; qu'il peut fe communiquer aux deux fexes par une multitude de voyes différentes, fans bleffer la pureté; qu'il eft difficile de trouver une famille qui n'ait tiré de fes ancêtres quelques étincelles de ce mal qui eft devenu très-commun depuis que les meres n'allaitent plus leurs enfans ; que ce levain, qui fe déguife fous une multitude de formes différentes, qui embarraffe fouvent la Médecine dans fes jugemens & fes prognoftics, peut s'affoupir, fe calmer, & céder en aparence ; que fon acide peut s'addoucir, mais que le coagulatif fubfifte; qu'il peut épargner le pere & maltraiter le fils ou le petit-fils ; qu'il peut fe cantonner dans des corps glanduleux, y refter long-temps en repos ; que ceſ

taines difpofitions peuvent l'ébranler,
l'exalter, & le mettre en mouvement, & par conféquent le faire rentrer dans le commerce des liqueurs ,
le déterminer à fe dépofer fur certaines parties, pour former la goute aux
articulations, la fciatique à l'ifchion,
des rhumatifmes fur les mufcles, la
gravelle aux reins, les fcrophules aux
glandes, le cancer au fein, des obftructions aux vifceres, des teignes,
galles, ulceres, lépres, &c.

Que la plupart de ces maladies
font des éclairs & des étincelles de
vérole.

Que pour ménager la délicateffe
des malades qui n'ont pas mérité ces
maux par la débauche, le judicieux
Médecin, dans cette conjoncture épi-
neufe, n'ofe propofer un remede qui
fuppofe une maladie honteufe ; que
le nom du Mercure, qui convient feul
pour vaincreceshydres,fait d'horreur
aux malades,ainfi ils font privés d'un
fecours certain, & l'on fait des cures
qui ne font jamais que palliatives.

C'eft ainfi que plufieurs malades
languiffent pendant des tems infinis,

toujours dans les remedes & toujours affligés; & à la fin les maux
deviennent incurables.

L'expérience autorife ce raifonne-
ment, & fait voir en même tems que
le Mercure étant fans contredit un
remede fpécifique pour guérir la vérole, il doit auffi guérir les autres
maux qui peuvent dépendre de la même caufe: il peut le faire, & il le fait;
& fi la caufe de toutes ces maladies
peut être détruite, il n'y a que lui qui
ait la force de le faire ; plufieurs remedes peuvent foulager, pallier les
accidens & procurer des trevés; mais
il n'appartient qu'au Mercure de
faire les cures éradicatives.

Ce qui furprend dans l'ufage du
Mercure crud que nous donnons par
la bouche, c'eft que la douleur avec
laquelle il agit ne répond nullement aux prodigieux & falutaires
effets qu'il produit, l'on peut dire
actuellement, & d'une promptitude
furprenante, fans avoir produit, depuis plus de quarante trois ans que je
m'en fers fur plus de cinq à fix mille
malades, le moindre des accidens :

ce que l'on ne peut dire d'aucun autre rémede de la Médecine.

Plus on en prend, plus on voit
croîtres fes forces & fon embonpoint.

L'on verra que la chofe eft poffi-
ble, fi l'on fe donne la peine d'exa-
miner, fans prévention, que le Mercure, comme je l'ai déjà fait voir,
s'infinue très-promptement dans les
liqueurs ; rend le fang plus doux,
plus fluide, & par conféquent plus
propre à être porté & charié dans les
tuyaux les plus fins, les plus fubtils
& les plus éloignés, par la voye de
la circulation, pour communiquer
l'aliment aux paries du corps ; qu'il
détruit fans contredit les embarras,
obftructions & obftacles ; qu'il ouvre
les tubes & les dépuratoires ; qu'il
facilite & provoque aux femme l'é-
vacuation des menftrues ; qu'il détruit enfin tout ce qui pouvoit s'oppofer à la diftribution des fucs nour-
riciers, & au cours naturel des efprits & des fluides ; qu'il ruine & ab-
forbe les acides qui caufent la mai-
greur & qui font la pépiniere d'un
grand nombre d'infirmités ; qu'il pro-

cure l'évacuation de tout ce qu'il y a d'hétérogene & de vicieux, sans toucher à ce qui est bon, utile & né-cessaire.

Toutes ces choses font voir que le Mercure crud, employé de cette maniere, n'affoiblit nullement, mais fortifie & engraisse. Voilà ce que j'ai conçu de la méchanique du Mercure sur les fermens vicieux, de quelque nature qu'ils puissent être ; l'on peut l'employer sans risque dans les cas les plus simples, comme dans les maux les plus considérables & les plus pressans. Par exemple, l'apople-xie & la paralysie étant produites par un sang trop épais, & pas des hu-meurs visqueuses engagées dans le cerveau, le Mercure redonnant au sang sa fluidité naturelle, & détrui-sant ces viscosités, il doit s'ensuivre la circulation libre des liqueurs & des esprits ; car en ôtant les embarras, on ôte la cause essentielle de ces maladies. Le caractere est causée par une matiere étrangere qui se coagule peu à peu entre le cristalin & la tu-nique uvée, ou par l'épaississement des liqueurs qui circulent dans la subſtance du criſtalin qui bouche à la fin le trou de la prunelle.

Qui doute que ce diſſolvant ne pût diſſiper cette coagulation, s'il étoit employé à temps ?

La goute ſereine n'eſt qu'une obſtruction dans le nerf optique, cauſée par une même matiere; le même remede peut y convenir.

Enfin, toutes les parties du corps, ſans exception, ſaines ou malades, ſont également pénétrées par le Mercure : dans les ſaines, il y paſſe comme ami & bienfaicteur; dans les malades, comme réparateur, libérateur, reſtaurateur & correcteur des cauſes & des accidens.

Ce qui eſt agréable, c'eſt que pendant ſon uſage les malades jouiſſent d'un plein repos & d'un grand calme; il agit ſans tumulte, ſans agitation & ſans dégoût.

Ce qui veut dire que la nature le goûte, qu'elle lui plait & qu'elle lui convient; puiſque par ſon moyen elle eſt délivrée de ce qui l'oppreſſe, ſans cependant rien changer dans l'ordre de ses fonctions naturelles & animales.

Ceci prouve évidemment que la nature est ennemie de la violence, ce que j'ai tâché de persuader aux jeunes Chirurgiens dans mon premier Ouvrage sur la curation des playes; elle anime la simplicité & la douceur. Toutes ses productions & surprenantes opérations se font sans effort, sans violence, sans bruit & sans fracas; elle remue tout sans s'agiter; elle nourrit tout, conserve tout, multiplie tout, sans faire paroître aucune action; le prudent Médecin doit la suivre & l'imiter dans la cure des maladies.

C'est ce que j'ai vu pratiquer avec beaucoup de satisfaction par le très-savant & très sage M. Cicognini, Conseiller & premier Médecin de Madame Royale. Je dois à son mérite & à la vérité cette autentique déclaration, l'ayant vu traiter plusieurs malades qu'il a guéris sans leur donner aucun remede, observant judicieusement les mouvemens de la nature, en la laissant agir seule quand elle le veut & quand elle le peut, & lui donnant la main à propos quand il est besoin. C'est faire la Médecine dans toute sa perfection

Ce Traité paroîtra long, il est vrai, mon sujet m'a entraîné insensiblement : il n'y a cependant rien d'inutile. Je suis tombé dans des redites que je n'ai pu éviter par mon peu de talent, & par l'enchaînement des cas sur lesquels je me suis un peu étendu, lesquelles choses il m'a falut tirer de mon stérile fonds, pour appuyer, selon ma capacité, une chose qui me paroît nouvelle, sans le secours du Grec ni du Latin.

Je prévois une révolte d'esprits, les uns par le chagrin & par envie, les autres pas prévention ou par intérêt.

Ceux enfin qui sont ennemis jurés des nouveautés, qui, sans vouloir se fatiguer l'esprit, suivent tranquillement, aveuglement & nonchalamment les routes bonnes ou mauvaises que l'antiquité leur a tracées, qui applaudissent à tout ce qu'elle nous a laissé comme à des oracles, & qui

condamne

condamnent sans appel ce qui n'est pas sorti de leurs fonds.

Comment, dira-t-on, un simple Praticien, sans lettres & sans érudition, a-t-il l'audace de protéger un remede décrié par de fameux Auteurs? Le docte Fernel l'a décrié, faute de le connoître. Quelle témérité!

La Médecine & la Chirurgie sont en possession, depuis plusieurs siecles, d'une quantité de bons remedes, qu'il faudra sacrifier au Mercure; & cela sur la bonne foi de quelques cures que le hazard a favorisées: l'on a toléré son premier Ouvrage, où il attaque impunément la vénérable antiquité; celui-ci sera criblé, critiqué, & décrié. Cet orage, capable d'accabler & le systême & l'Auteur, ne m'épouvante que médiocrement. L'on trouvera dans ce Traité des fautes dignes de censures, & aussi dans la maniere de m'expliquer; mais ce n'est pas ici une Piece d'éloquence, d'autant plus que les plus beaux tableaux ont leurs ombres.

J'espere cependant que la force de la vérité, & les réflexions que les

gens raisonnables pourront faire sur
ce sujet, seront suffisantes pour justi-
fier & même protéger ce Traité du
Mercure ; d'autant plus que ce sont
des expériences de plus de quarante-
trois ans qui ont donné lieu à cette
entreprise, qu'un peu de temps & de
patience le fera triompher de ses ennemis , & que ce remede aura un
jour la préférence sur presque tous
les remedes d'usage , pour le bien &
l'utilité publique.

Mon âge de 70 années, qui rend
tous les jours de ma vie critiques, &
toutes mes années climatériques, de-
vroient me porter à ne pas faire un
secret de la préparation & composition de ce remede ; vu d'ailleurs que
dans mon premier Ouvrage j'avois
flatté le Public de le donner un jour
en lumiere : ce jour n'est pas encore
venu , la rigueur des temps l'a recu-
lé , par les pertes considérables que
j'ai faites dans ma patrie.

Ma Fille peut trouver dans son
usage une ressource qui la console &
la dédommage en même temps de
l'injustice qui l'a privée de plusieurs

années de mon travail & de mes fati-
gues; c’est à elle que je laisse le soin de
tenir ma parole quand elle le jugera
à propos: je n’en prive pas le Public.

Si par mes applications j’ai pu trouver le moyen de faire avec le Mercure un remede si utile, il ne manque
pas de gens habiles & élevés qui peuvent faire la même découverte.

A force de réfléchir & de travail-
lér, je me suis rencontré moi-même
avec Magatus, sur ce qui concerne
la curation des playes.

L’on peut se rencontrer avec moi
sur cet article; quoi qu’il en soit, je
n’aurai pas fait peu, si je puis persuader que le Mercure crud peut être
employé utilement, sans danger &
sans crainte; que ce simple métal sans
odeur peut être substitué à un fatras
de remedes dégoûtans, dont l’effet
est incertain, souvent inutile ou per-
nicieux, & que celui ci maintient
l’esprit & le corps en santé, & éloi-
gne la vielleffe.

Ceux qui pourroient douter qu’il y
eût de l’exagération dans mes récits
& dans les vertus que j’attache au

Mercure, prendront la peine, s'il
leur plaît, de lire les Lettres qui fui-
vent, & qui n'ont pas été mandiées.

Elles font de deux fameux Profef-
feurs en Médecine. La premiere de
M. Gofe, Docteur en Médecine, établi dans la Ville de Chiere ; les autres, de M. Marchetti auffi Docteur
en Médecine, & Médecin de S. E.
Mgr. le Cardinal Pico de la Mirandole ; une écrite de Boulogne, & les
autres de Rome, contenant ce que
ce remede a opéré fur la perfonne
de ce favant Médecin, fur M. fon
frere, & fur d'autres, où il l'a employé avec un très bon fuccès.

De Chiere, le 12 Août 1721.

„ Je me ferois donné l'honneur,
„ Monfieur, de répondre plutôt à vo-
„ tre obligeante Lettre, fi je n'avois
„ voulu premiérement obferver l'ef-
„ fet des Pillules que vous nous avez
„ envoyées pour Madame la Com-
„ teffe Bufquet: je fuis confus d'avoir
„ tant tardé ; mais en récompenfe je
„ vousferai la relation de la bienheu-

,, reuſe piſcine que nous avons re-
,, çue, & que nous avons employée
,, ſuivant votre Mémoire.

,, Je vous dirai donc que cette Da-
,, me eſt tout à-fait délivrée des cruel-
,, les douleurs qui la martyriſoient
,, depuis plus de quatre mois.

,, Il y a environ quinze jours que
,, nous employons votre remede: elle
,, n'en eut pas pris quatre priſes, que
,, ſes douleurs ceſſérent entiérement;
,, elle ſe remue très-librement, &
,, avec d'autant plus de plaiſir, que
,, depuis qu'elle eſt alitée, elle avoit
,, toujours reſté ſur le dos.

,, A la ſeptieme priſe elle eſt ſor-
,, tie du lit, & elle marche avec des
,, béquilles.

,, Ce remede l'a purgée ſans au-
,, cune douleur ; cependant elle a
,, vuidé des eaux une quantité prodi-
,, gieuſe & étonnante, par l'effet ad-
,, mirable de votre excellent remede:
,, elle en eſt ſi ſurpriſe & ſi contente,
,, qu'elle veut en continuer l'uſage
,, malgré les grandes chaleurs.

,, Si vous le jugez à propos, je crois
,, qu'on porroit l'envoyer à Aquy,

„ pour achever ce que votre très-ex-
„ cellent & admirable remede a si
„ heureusement commencé. Mon-
„ sieur & Madame la Comtesse vous
„ font mille complimens & autant
„ de remercimens, & vous prient de
„ les mettre tous deux aux pieds de
„ Madame Royale. Quant à moi, je
„ suis charmé de cet heureux succès;
„ je vous supplie de me croire, &c.
„ Cette Lettre a été fidelement
„ traduite de l'Italien en François.
„ Cette Dame n'a pas eu besoin d'al-
„ ler aux Fanges d'Aquy.

*Copie traduite d'une Lettre écrite par M.
Marchetti, Docteur en Médecine, &c.
à M. Cicognini, Conseiller & Premier
Médecin de Madame Royale.*

„ Si vous avez cru, Monsieur, que
„ la goutte m'a obligé à marcher avec
„ un bâton, vous avez cru la vérité;
„ mais je vous informe que depuis
„ trente-cinq jours je ne m'en sers
„ plus : j'attribue ce bénéfice aux ex-
„ cellentes Pillules de M. Belloste,
„ que j'ai prises avec satisfaction.

„ Le meilleur de mes amis avoit
„ une fistule à l'anus il y avoit six ans,
„ elle étoit venue d'elle-même, s'é-
„ toit ouverte sans douleurs, ce qui
„ formoit une grosseur un peu plus
„ grosse qu'un pois, qui purgeoit par
„ une ouverture qui s'y étoit faite;
„ je lui ai donné des mêmes Pillules,
„ & en très-peu de tems il s'est trou-
„ vé entiérement guéri. C'est pour-
„ quoi j'ai consigné 48 livres pour
„ trois onces que je vous prie de m'en-
„ voyer : si elle ne seront pas ici Di-
„ manche, il faudra que vous preniez
„ la peine, Monsieur, de me les en-
„ voyer à Rome. Quant à mon frere,
„ par la grace de Dieu il se porte
„ bien, quoiqu'il ait encore un petit
„ reste de palpitation dont il n'est
„ presque plus incommodé ; j'avois
„ cru que les antipocondriques & les
„ remedes martials pouvoient le sou-
„ lager, mais au contraire, les acci-
„ dens croissoient à tel point, qu'il a
„ fallu les abandonner. J'ai cru un
„ épaississement dans les fluides, &
„ même quelques polypes; j'ai pensé
„ que l'unique remede étoit les Pil-

,, lules de M. Belloſte, que je lui ai
,, fait prendre, même dans le temps
,, froid; de ſorte que lui en donnant
,, de temps à autre, tous les plus fâ-
,, cheux accidens ont ceſſé; il n'a
,, plus de ventre, & a une très-bonne
,, couleur. J'écris à M. Belloſte, que
,, je vous prie de ſaluer de notre part.
,, & ſuis, &c.   MARCHETTI.

Lettre à moi adreſſée de M. Marchetti,
du 9 Octobre 1729.

,, Le très-cher & très-illuſtre M.
,, Cicognini m'aſſure tant de votre
,, bonté, Monſieur, que j'oſe vous
,, adreſſer ces lignes pour vous témoi-
,, gner mes obligations & mes remer-
,, cimens, & de mon frere pareille-
,, ment, quoique nous n'ayons pas
,, l'honneur de vous connoître, ayant
,, éprouvé tous deux, avec un égal
,, ſort & profit de notre ſanté, les ef-
,, fets miraculeux de vos très-ver-
,, tueuſes Pillules, le prix & le méri-
,, te ne pouvant être renfermés à un
,, Louis d'or le grain, par leurs bons
,, effets & leurs admirables qualités.
,, Mais cependant, Monſieur, je vou-

„ drois vous prier, en faveur de la Mé-
„ decine, de vouloir m'en modérer
„ le prix. J'écris à M Cicognini, qui
„ se chargera de la quantité que vous
„ voudrez bien m'envoyer ; vous
„ priant de les accompagner d'une
„ instruction , & en quels maux on
„ peut les employer, & si elles se con-
„ servent long-temps. Nous parti-
„ rons, à la fin de ce mois, pour Ro-
„ me avec son Eminance; vous y au-
„ rez un serviteur plein de recon-
„ noissance & d'estime, tout disposé
„ à vous servir, vous priant instam-
„ ment de me croire, &c.

MARCHETTI.

Extrait abrégé traduit d'une Lettre du
même M. Marchetti, du 14 Janvier
1724, à M. Cicognini son bon ami,
écrite de Rome.

„ Je vous dirai, mon très cher &
„ très illustre Monsieur, que ces jours
„ derniers je sentis une nouvelle atta-
„ que de goutte : je me trouvai les
„ jambes engagées & les pieds dou-
„ loureux, ce qui ne m'étoit pas arri-

„ vé depuis quatre mois. Je pris d'a-
„ bord une double dofe des Pillules
„ de M. Bellofte, c'eft à-dire, une
„ dragme : chofe furprenante & ce-
„ pendant véritable, l'opération du
„ remede n'a pas été finie, que tout a
„ difparu. Je ne puis trop louer le re-
„ mede & l'Auteur, & vous prie de le
„ bien faluer de ma part : je lui fais
„ de tout mon cœur offre de fervices
„ en ces quartiers. Je n'ai point d'ex-
„ preffions affez fortes pour lui té-
„ moigner ma reconnoiffance, &c.

Les éloges que M. Marchetti fait
de ce remede ne peuvent être fuf-
pects; c'eft un très habile & très-ju-
dicieux Médecin, qui ne peut fe taire
fur l'effet que ce Mercure a produit
fur M. fon frere, qui, par ce moyen,
s'eft délivré entiérement d'une maladie très-périlleufe, & fur lui-même ;
& qui fe flatte, par une autre Lettre
de Février 1724, à M. Cicognini,
d'être entiérement délivré de la goutte qui l'affligeoit ci devant, & qui l'o-
bligeoit à garder la chambre pendant
des mois entiers, quand il en étoit
attaqué ; depuis qu'il a commencé

à se servir de ce remede, il n'a eu qu'une légere attaque qui ne lui a duré qu'un jour seulement ; il souhaite de savoir s'il peut employer ce remede à une tumeur schirreuse, très grosse, très-dure, & très ancienne. Je lui ai répondu d'abord qu'il pouvoit l'employer hardiment, non-seulement à ces tumeurs, mais à toutes celles qui affligent les hommes; que depuis un mois j'ai traité un homme de distinction, très connu de M. Cicognini, d'un très fâcheux sarcocele, accompagné de la dureté totale de la langue, lesquelles deux maladies ont été très - promptement guéries sans aucuns remedes; que c'est M. le Médecin Bouillon, Professer Royal de notre Université, qui m'avoit mis ce malade entre les mains ; que ce très-docte Médecin avoit déjà éprouvé ce remede sur d'autres maladies très épineuses, avec une entiere satisfaction.

N'ayant pas eu occasion de discourir du Polype dans le cours de ce Traité, & ces Lettres de Rome me parvenants dans le temps que j'achéve d'écrire ceci ; j'ai jugé à propos, en finiſſant, de dire ce que ie penſe, ſur l'extraordinaire cure du frere de M. le Médecin Marchetti, car c'eſt pour moi une nouvelle découverte.

Le Polype eſt une excroiſſance de chair qui tire ſon nom de ſa figure, parce qu'il reſſemble à un poiſſon que l'on nomme ainſi. Il eſt engendré d'un ſang âcre, gluant & viſqueux, qui circule lentement : c'eſt ce qui donne le temps aux âcres ou acides de faire des excoriations aux orifices de quelques vaiſſeaux, & en même-temps épaiſſit le ſuc nourricier qui flue pour la nourriture des parties, & qui ſe mêlant avec la viſcoſité des autres liqueurs, donnent lieu à des excroiſſances qui ont leurs racines à l'endroit où l'excoriation a commencé, & qui prennent la figure des lieux ou cavité où ils s'engendrent, comme dans le cœur, dans les vaiſſeaux & dans le nez: ils ſont long, arrondis, ou plats ; & dans le ſcrotum ils foment une maſſe longue que l'on nomme *ſareôcele*. Ainſi ces maladies, quoi qu'elles ayent différens noms, ſont cependant d'une même nature.

L'expérience m'ayant fait connoître, dans une quantité d'occafions,
que notre Mercure guérit les farco-
celes; le même reméde doit auffi
guérir le Polype dans quelque lieu
qu'il foit.

Cela n'eft pas difficile à concevoir:
il détruit les âcres & les acides, il
rend les humeurs fluides, leur épaif-
fiffement étant la caufe efficiente de
ces maladies; la caufe détruite, l'accident ceffe.

Il fond & diffout ce qui s'étoit joint
contre les loix de la nature.

Par le premier, il empêche l'ac-
croiffement d'une maladie qui peut
augmenter toujours & faire périr le
malade.

Par le fecond, il détruit la tumeur,
il agit fur cette excroiffance, comme
il a fait fur les embarras, les fchirres,
les glandes, & les obftructions.

Pour conclure enfin ce Traité, qui
n'eft déja que trop long, & que j'ai
cependant peine à finir, parce qu'il
fe préfente tous les jours de nouvel-
les expériences, qu'il faut fupprimer
pour ne pas abufer de la patience du

Lecteur. Je finis donc en faisant une petite réflexion.

Chacun sait que dans tous les pays il y a un grand nombre de personnes inutiles à l'Etat & au Public, & à charge aux Hôpitaux, à raison de plusieurs infirmités vraies ou supposées, que le genre de vie, la paresse, la fatigue & la misere produisent dans les pauvres, lesquelles passent pour incurables & qui le deviennent dans la suite, & cela faute d'employer le seul remede qui peut les guérir d'abord & à peu de frais.

Le Mercure crud, pris par la bouche, comme il a été dit, vuideroit les Hôpitaux, & mettroit, en état de travailler, un grand nombre de fainéans & de vagabonds, qui, sous prétexte de certains maux qu'ils chérissent & que le temps rend contagieux, infectent les villes & les campagnes, & arrachent les aumônes, dont ils font souvent un très-mauvais usage.

INSTRUCTION

SUR LE BON USAGE

DES PILLULES

DE M. BELLOSTE.

LES Pillules Mercurielles de feu M. BELLOSTE, Conseiller & premier Chirurgien de feue Madame Royale de Savoye, ont acquis un crédit si universel dans toute l'Europe, par leurs effets salutaires, qu'elles ont couru le sort ordinaire de tout ce qu'il y a de rare & d'excellent.

Comme il n'y a que les Ouvrages des Auteurs célebres qui soient sujets à la critique, les autres demeurans dans l'oubli & dans le mépris; de même, les remedes, qui, comme celui de M. Belloste, ont rencontré l'approbation du Public, ne manqueront jamais d'être décriés, ou par l'intérêt particulier, ou par la jaloufie de ceux qui n'ont pû atteindre à trouver un reméde de la perfection de celui-ci.

Chacun n'a pas entrepris de se déchaîner contre un reméde qui a mérité de s'attirer une vogue universelle, fondée sur les cures merveilleuses qu'il produit journellement. Des personnes plus rusées se sont appliquées à le contrefaire, & ont distribué publiquement les Pillules de M. Bellofte, &, pour mieux réussir à tromper la crédulité du Public, ont falsifié jusqu'à ses imprimés, son cachet, son écriture, ses boëtes, & même en 1760. ses livrets auxquels des personnes mal intentionnées ont joint le Privilége dont le Roi a honoré la Dame Bellofte, le tout de leur pleine autorité, & à l'insçu de la susdite Veuve, distribuants, moyenant le privilege de la Dame Belloste, des Pillules très nuisibles à beaucoup de personnes, & dont Mrs les Médecins & Mrs. les Chirurgiens lui ont fait de très-vifs reproches. Or, pour prévenir de tels inconveniens, la Veuve prie le Public de s'adreſſer directement à Elle ou à ſes véritables Correſpondants deſquels Elle enverra le nom à la perſonne qui ſouhaitera faire uſage de ces Pillules; afin que ſi ledit Correſpondant ſe trouvoit plus à portée que la ſuſdite Veuve, on puiſſe les prendre ſans difficulté & en toute ſûrete de lui, & épargner, moyenant cette commodité, la dépenſe du port qu'on ſeroit obligé à payer. Elle eſpere auſſi que le Public voudra bien avoir confiance en Elle préférablement à tous ces fabricateurs de Pillules ſoit diſans de Belloſte qui les débitent ſous ſon nom & ſans être autoriſés de perſonne; au lieu qu'au contraire la Dame Belloſte l'eſt, non-ſeulement de S. M. le Roi de France, mais auſſi de S. M. Impériale, & de la Séréniſſime Réqublique de Veniſe, n'y ayant que la Dame Belloſte ſeule qui ait la premiſſion de les compoſer, & de les faire diſtribuer par d'autres, prépoſés par Elle-même.

Pluſieurs ſe vantent, quoi qu'à tort, d'avoir la compoſition des Pillules Mercurielles dites de Belloſte,

quoique M. Auguſtin Belloſte, pré-
mier Chirurgien & Conſeiller de
Madame Royale de Savoye, en laiſ-
ſa le ſecret, par Teſtament, à ſon
Fils Michel Antoine Belloſte Médecin à Turin, comme un bien qui dût
être héréditaire dans ſa Famille, &,
par ſes vertus, immortaliſer ſon nom
à perpétuité. D'ailleurs, le refus des
ſommes conſidérables que l'on of-
frit à M. Belloſte pour avoir ſon ſecret, prouve aſſez qu'il ne l'auroit
point communiqué à un ſimple Particulier, comme certaines Perſonnes
le donnent à entendre au Public,
tel qu'il s'eſt préſenté à Caſal dans
le Montferrat où il y eut un certain
Perſonnage qui aſſuroit avoir le ſecret des véritables Pillules de Belloſte ; ce que Mgr. le Commandant
apprenant, il lui fit donner la récom-
penſe que méritoit ſon impoſture.
Un autre aventurier fit de même à
Modéne il n'y a pas long-temps. Enfin il faut conclure que l'avidité des
uns & l'envie des autres de gagner
de l'argent, n'importe à quel prix,
font faire & dire bien des choſes ;

mais, après les mauvais effets que produifent les fauffes Pillules à Paris comme ailleurs, ofera t-on encore rifquer fa fanté & fa vie même, en prenant un reméde qui fe fait & fe diftribuë fans autorité & par des Perfonnes qui n'en ont point la faculté, fur-tout lorfqu'il s'agit du Mercure?

Ceux qui voudront avoir une idée de ce reméde, pourront avoir recours au *Traité du Mercure par M. Auguftin Bellofte*, qui fe vend au bas de la rue de la Harpe chez la veuve d'Houri & le Breton, Imprimeur du Roi à Paris, dans lequel il explique méchaniquement la maniére d'opérer de ce minéral fur la maffe des humeurs, & où il rapporte quantité de belles cures faites à Turin fous les yeux de la Cour à l'Armée & ailleurs, avec le fecours de fes Pillules. On pourroit ajouter ici plufieurs guérifons opérées derniérement en Italie, en Angleterre & ailleurs, par le même reméde. Mais on croit qu'il eft plus à propos, pour la fatisfaction du Public, de ne raporter qu'une de chaque efpéce de celles qui fe font faites en France , & la plûpart à Paris, ou à Versailles , & dont on est en état de donner des preuves à ceux qui les exigeront en particulier, d'autant plus que la plûpart des personnes guéries par ce réméde , n'aiment pas être nommées dans un imprimé.

Une personne , au service de la Cour , attaqué de la fiévre depuis huit ans, en a été délivrée par l'usage de quinze prises de ces Pillules.

La servante d'un Gentilhomme , demeurant à Versailles rue de l'Orangerie , est guérie , avec ce réméde , d'une lépre universelle : elle n'en a pris que vingt prises.

Une personne qui , à cause d'un épanchement de lait , ne pouvoit point marcher depuis dix ans, est parfaitement guérie en cinquante prises.

Une autre, qui avoit quatorze abscès ouverts en différentes parties de son corps ensuite d'un épanchement de lait, & qui en avoit perdu la vue, en a été entiérement rétablie en soixante prises , & a recouvré la vue.

Une Religieuse, âgée de quarante ans, qui souffroit des hémorroïdes depuis l'âge de 17 ans, a été guérie en dix-huit prises.

Le Chirurgien d'un Maréchal de France a été guéri d'une fistule à l'anus en soixante-sept prises.

La nommée Metz, Blanchisseuse, demeurant au Parc-aux-Cerfs à Versailles, avoit au visage un chancre qui lui avoit mangé les deux joues, attaqué la gorge, & fait un trou au plais, au moyen de quoi le boire & le manger ressortoient par le nez ; les os de la mâchoire supérieure du côté gauche étoit cariés. Dans cet état, étant abandonnée des Médecins, elle eut recours à ces Pillules ; à la huitiéme prise la gorge alloit bien ; à la dixiéme la malade mangea & dormit, ce qu'elle n'avoit pu faire depuis long-temps. Ensuite la carie des os s'est détachée : ayant usé un an du reméde, elle est guérie. Elle a toujours pris, de deux jours l'un, de ces Pillules à dix par prises.

Un garçon de quinze ans, couvert d'ulcéres par tout le corps, ayant perdu la vue, le sommeil & l'appétit, a fait usage de ces Pillules pendant

un an entier, a recouvré la vue à
pouvoir se conduire, & se porte parfaitement bien.

Un Lieutenant Général des Armées
du Roi avoit reçu à la cuisse une bles-
sure qui se r'ouvroit toujours après
avoir été traitée & guérie par le soin
des Chirurgiens à plusieurs reprises;
après l'usage qu'il a fait de ces Pillules, sa playe a demeuré cicatrisée &
parfaitement guérie, sans plus se
r'ouvrir.

Une personne qui souffroit des
maux de tête continuels depuis cinq
ans, en a été entiérement délivrée
en onze prises de ces Pillules.

Une personne attachée à la Cour
par sa charge, a été guérie d'une
surdité totale avec quinze prises.

Une Demoiselle de grande condition est guérie d'un abscès dans la
tête en vingt prises, l'abscès s'étant
ouvert & sorti par la bouche.

Semblable abscès est sorti par le nez
à une Demoiselle attachée à la Cour.

Une personne de la Musique du Roi
est guérie en trois prises d'une diar-
rhée qui la fatiguoit depuis onze mois.

Une lienterie de guit ans a été, guérie en dix-huit prises.

Une Demoiselle à Versailles tomboit en convulsions jusqu'à dix-sept fois dans un jour, elle est guérie en vingt-quatre prises.

Un Officier de considération à Metz, est guéri des obstructions & d'un rhumatisme tout-à-la fois, par l'usage de ces Pillules.

Un perclus de tous ses membres est guéri en vingt prises.

Deux Fréres layqs, de l'Abbaye de Saint Denys, ont été parfaitement guéris d'une paralysie universelle par l'usage de ce reméde.

Une jeune femme, qui avoit perdu la vue par des suffusions qu'elle, avoit sur les yeux, l'a recouvrée entiérement par le moyen de quarante prises des Pillules.

Une pauvre femme de Versailles, âgée de plus de 80 ans, ayant fait usage de ces Pillules, a rendu un ver long d'une demi-aune, gros comme le petit doigt, & tout couvert de longs poils noirs.

M. Pitre, Gouverneur de la Butte

de Monthoron à Versailles, âgé de plus de 80 ans, ayant les jambes enflées grosses comme le corps, ouvertes en cinq endroits, qui suppuroient depuis plusieurs années, a été guéri parfaitement avec dix-neuf prises de ces Pillules, en 1731.

M. le Maréchal de Noailles, qui avoit le visage couvert de dartres, ouvertes même en plusieurs endroits, après avoir mis en usage tous les remédes qu'on lui a conseillé pendant quatre ans, ayant enfin fait usage de ces Pillules, en a été guéri entiérement en vingt-deux prises.

On pourroit ajouter ici un nombre infini de très belles cures, qui ont été opérées par l'usage des Pillules de M. Bellofte; mais pour éviter un détail qui seroit trop long, on se contentera de nommer les maladies qu'on a vu guéries par le seul effet de ce reméde.

Des clous par tout le corps, toute sorte de galles, même la galle de chien ; les écrouelles en quarante ou cinquante prises, plus ou moins, selon le tempéramment & l'ancienneté

du

du mal. Il en eſt de même du gros
mal en ſoixante-dix ou quatre-vingts
priſes, plus ou moins, & de toutes
ſortes de maladies vénériennes. Les
éréſipelles en ſept à huit priſes. Les
plolypes dans le nez, dans l'oreille &
dans le cœur; ce dernier eſt le plus
aiſé à guérir. L'hydropiſie univerſelle, celle du bas-ventre, s'il n'y a pas
de ruptures des vaiſſeaux lymphati-
ques, ainſi que celles de poitrine.
Les douleurs des reins cauſées par la
gravelle; les rétentions d'urine, les
coliques néfrétiques; mais dans ce
dernier cas il faut prendre double
ou triple doſe. Pleuréſies, fluxions
de poitrine & des yeux. Fleurs blanches, en quarante ou cinquante priſes; ſuppreſſions des vuidanges après
l'accouchement, dès la premiere priſe; la fiſtule lacrimale, maux d'eſto-
mach en huit ou dix priſes; le vomiſ-
ſement & le dévoyement en trois priſes. Les vertiges & étourdiſſemens;
l'hypocondrie, même invétérée, en
dix-huit priſes; l'aſtme en vingt priſes. Ce reméde guérit la goutte naiſ-
ſante; ſoulage celle qui eſt invété-

F

rée, & l'empêche de remonter ; les sciatiques, les cancers, les tumeurs, les obstructions des glandes & les loupes. Il tue les vers des enfans & des personnes âgées, & les chasse du corps. Il guérit la jaunisse, & les pâles-couleurs ; il procure les régles aux filles qui sont en âge de les avoir, & remédie aux inconvéniens de celles qui sont prêtes à les perdre ; il guérit les tayes des yeux.

La prise de ces Pillules doit être proportionnée à l'âge, au tempéramment, au sexe, & à l'état des personnes qui seront dans le cas d'en faire usage.

Les enfans de deux ou trois ans en prendront deux ; ceux de quatre à cinq ans en prendront jusqu'à quatre. Les femmes enceintes en pourront prendre dans les temps de la grossesse sans crainte d'aucun inconvénient, de même que les nourrices pour augmenter & rafraîchir leur lait. La dose des unes & des autres sera de quatre à cinq Pillules, qu'on pourra cependaut augmenter selon le besoin. Hors de ces cas, la prise

ordinaire fera de fept à huit Pillules.
Si cette dofe procure quatre à cinq
évacuation par les felles, cela fuffit ;
fi elle en procuroit beaucoup plus,
on pourroit la diminuer ; de même
que fi elle n'en procuroit qu'une ou
deux, il faudroit l'augmenter, &
poufferla prife jufqu'à vingtouvingt-
cinq Pillules en cas de befoin. Cette néceffité de prendre des prifes co-
pieufes, fe rencontre dans les perfonnes corpulentes & remplies d'humeurs, dans le cas du *virus* vénérien
fur-tout lorfqu'il fe manifefte par
des douleurs nocturnes ; dans les hy-
dropifies univerfelles, & prefque
dans toutes les maladies chroniques
& de longué haleine, fi le malade
n'eft pas épuifé par la diete ou par la
longueur & la violence du mal.

Lorfqu'une prife de huit à dix Pillules purge peu & avec peine, il faudra faciliter les évacuations par quelques lavemens émolliens. Cette me-
thode, d'ufer de temps en temps des
lavemens & des Pillules alternative-
ment, eft très-bonne dans les maux
d'eftomach, dans les coliques ven-

teufe, billieufes ou néfrétiques; dans les vertiges , & dans les rétentions & ardeurs d'urine : les femmes fur-tout feront très-bien de s'en fervir.

On prend de ces Pillules de deux jours l'un , c'eft-à-dire, un jour oui & l'autre non, le matin à jeun, & l'on prend, par-deffus, du thé ou du caffé fans lait , ou du bouillon, obfervant de les prendre quatre ou cinq heures avant le repas ; deux heures au plus après ; on peut prendre également du chocolat fait fans vanille. On peut les prendre de même le foir avec une petite foupe ; & fi l'on veut fouper un peu plus copieufement, on les prendra deux ou trois heures après, en fe couchant, avec du thé ou du bouillon. Le lendemain, étant éveillé, on prendra encore du bouillon ou du thé. Remerquez cependant que le bouillon vaudra toujours mieux que du thé , ou autres femblables breuvages, fur-tout pour les perfonnes foibles, d'autant que le bouillon remplace, par une nourriture bonne & facile, la porte des humeurs qui fe fait par les felles , & conferve mieux les forces du malade.

Ceux qui auront d'anciennes maladies à déraciner, prendront les quatre premiéres prifes le matin à jeun,
& avaleront un bouillon d'abord
après ; chaque fois qu'ils iront à la
garde-robe, & même plus fouvent
s'il fe peut, ils boiront la valeur d'u-
ne taffe de bouillon à la viande. Il
eft bon que ces quatre premiéres prifes procurent dix à douze felles pour
expulfer les groffes matiéres. On
commencera à la cinquiéme prife à
les prendre le foir en fe couchant,
trois heures après le fouper, & un
bouillon par-deffus. Elles laifferont
dormir tranquillement le malade fix
à fept heures, plus ou moins, felon
les difpofitions où il fe trouvera.

Ces prifes du foir purgent moins
que celles qu'on prend le matin,
mais elles travaillent mieux à la pu-
rification du fang, & à la fonte des
obftructions, qui eft tout ce que
l'on peut défirer pour le rétabliffe-
ment & la confervation de la vie
& de la fanté.

Si-tôt qu'on fera éveillé par le reméde pour aller à la garde-robe, il faudra avaler un bouillon, & continuer de même chaque fois, comme on l'a dit ci-dessus. Les prises du soir doivent être assez médiocres, pour ne procurer que trois ou quatre évacuations par les selles. Il faudra continuer à prendre ce reméde de deux jours l'un, non-seulement jusqu'à ce que la maladie ait disparu, mais il faudra en prendre encore plusieurs doses après, pour s'assurer de la guérison, le tout à proportion de la qualité de la maladie & de son ancienneté.

Ce reméde est très-salutaire à tout âge & à tout sexe. Il s'est trouvé des femmes enceintes infectées de *virus* vénérien, qui ont été guéries pendant leur grossesse par l'usage de ce reméde, & ont mis au monde des enfans très bien portans. On a vu de même des enfans infectés de ce mal dès leur naissance, qui en ont été guéris par l'usage que la nourrice a fait de ces Pillules.

Ce reméde corrige les fermens dépravés de l'estomach, guérit les in-

digeſtions & les maladies qui en pro-
viennent par l'abondance ou par l'â-
creté des humeurs; il procure l'appétit & le ſommeil, il donne de l'embonpoint , & écarte les infirmités de
la vieilleſſe.

Il n'oblige à garder ni le lit ni la
chambre, ni à obſerver une diéte ri-
goureuſe. Il n'y a d'autres précau-
tions à prendre, que de les avaler en-
tiéres, & de s'abſtenir, pendant qu'on
en fait uſage, des acides, des alimens
de haut goût, des laitages, des fruits
verds & de la chair de cochon.

On pourra envelopper ces Pillules dans du pain à chanter, ou ce
qu'on aimera le mieux pour les avaler plus aiſément.

Elles ne ſe gâtent jamais , pourvû
qu'on les renferme dans une boëte ,
& qu'on les tienne dans un lieu tempéré. La poudre qui ſe trouve dans
les boëtes, n'y eſt que pour conſer-
ver la forme & la eonſiſtance des
Pillules : ce n'eſt pas en cette poudre que conſiſte la vertu du reméde.

Ces véritables Pillules de Belloſte,
venantes directement de la ſuſdite

Veuve, se trouvent dans des boëtes de noyer de couleur naturelle
non peintes ni colorées ni ferman-
tes à visses, munies du nom de Belloste en dedans, & son cachet au
déhors, telles qu'on les distribroit
à Turin.

Elles se vendent un louis d'or
neuf l'once, & demi louis d'or neuf
la demie once.

F I N.

Voici l'EXTRAIT DU PRIVILEGE

DE SA MAJESTÉ TRES-CHRÉTIENNE LE ROI DE FRANCE,

En faveur de la Dame Veuve du Sieur Belloste, Médecin de Turin, fils & unique héritier du Sieur Augustin Belloste, premier Chirurgien de feue Madame Royale Douairiere de Savoye, & auteur des véritables Pillules ; qui accorde à ladite Veuve Belloste, & après son décès, à ses enfans, la vente & distribution exclusive des Pillules dudit Sr. Belloste.

AUJOURD'HUI huitiéme Juin mil sept cent cinquante huit, LE ROI ETANT A VERSAILLES, la Dame Gabrielle Stroblin, veuve du Sieur Belloste, a très-humblement représenté à Sa Majesté, que feu son Mari auroit obtenu la permission de distribuer des Pillules de sa composition ; mais qu'étant décédé, elle supplioit Sa Majesté de vouloir bien lui accorder, ainsi qu'à ses enfans, le Privilége exclusif pour la vente & distribution desdites Pillules ; à quoi ayant égard, & Sa Majesté bien informée du succès avec lequel elles ont été employéesdans plusieurs maladies, a permis & permet à ladite Dame veuve Belloste, &, en cas de son décès, à Jean-Baptiste, Antoine, Gaetana-Nicolas Belloste ses trois fils, & à Anne-Gabrielle-Paule-Therese Belloste sa fille, de composer, vendre & débiter pendant l'espace de trente années, à compter de ce jour, dans Paris & dans l'étendue du Royaume, les Pillules de la composition de feu sieur Belloste, à condition néanmoins de ne les annoncer propres & utiles que dans les maladies cutanées. Permet aussi, Sa Majesté, à ladite Dame veuve Belloste, d'avoir un dépôt desdites Pillules dans les Villes où elle sera sûre de la fidélité des personnes auxquelles elles les confiera pour la facilité du Public ; & de se pourvoir par les voies ordinaires contre ceux qui s'immisceront de vendre & débiter sous son nom des Pillules qui ne seront pas autorisées par elle. Enjoint pareillement Sa Majesté, à ladite Dame Belloste, de n'employer, ni vendre aucun reméde interne ou externe, ni d'annoncer lesdites Pillules comme étant convenables aux maladies aigues, maladies de poitrinne, & aux personnes dont les entrailles sont susceptibles d'irritations ; le tout à peine de nullité du présent Privilége, qui n'aura lieu également en faveur des enfans de ladite Dame Belloste, qu'aux conditions ci-dessus énoncées. Mande, Sa Majesté, au sieur de Senac son premier Médecin, de tenir la main à l'exécution du présent Brevet, que, pour assurance de sa volonté, Sa Majesté a signé de sa main, & fait contresigner par moi Conseiller Secrétaire d'Etat & de ses Commademens & Finances.

Signé LOUIS. *Et plus bas,* PHELYPEAUX

Collationé par Nous Conseiller-Secrétaire du Roi, sur l'Original en parchemin dudit Brevet de Privilége à Nous présenté & rendu. ROBERT.

La Dame Veuve BELLOSTE demeure dans le Bâtiment neuf, au premier appartement, rue du petit Lion, la seconde Porte-Cochere à gauche, par la rue St. Denis.